Tobias Meyer, Michael Schade

Cross-Marketing – Allianzen, die stark machen

Mit Partnern schneller erfolgreich werden

BusinessVillage
Update your Knowledge!

Tobias Meyer, Michael Schade

Cross-Marketing – Allianzen, die stark machen

Mit Partnern schneller erfolgreich werden

Göttingen: BusinessVillage, 2007

ISBN 978-3-934424-85-2

© BusinessVillage GmbH, Göttingen

Bezugs- und Verlagsanschrift

BusinessVillage GmbH

Reinhäuser Landstraße 22

37083 Göttingen

Telefon: +49 (0)5 51 20 99-1 00

Fax: +49 (0)5 51 20 99-1 05

E-Mail: info@businessvillage.de

Web: www.businessvillage.de

Layout und Satz

Sabine Kempke

Bestellnummern

PDF-eBook Bestellnummer EB-612

Druckausgabe Bestellnummer PB-612

ISBN 978-3-934424-85-2

Über die Autoren

Es ist sicherlich ungewöhnlich, dass ein Buch zu diesem Thema einmal nicht von einem Cross-Marketing-Berater geschrieben wird. Dadurch, dass im vorliegenden Werk unterschiedlichste Betrachtungsweisen aufeinander treffen, ist eine objektivere und ganzheitlichere Darstellung des Themas möglich. So steht auf der einen Seite unsere wissenschaftlichen Kenntnisse in den Bereichen identitätsorientiertes Markenmanagement, (Cross-) Marketing und Projektmanagement sowie unsere Praxiserfahrungen. Auf der anderen Seite steht der reichhaltige Erfahrungsschatz unserer fünf Interviewpartner aus den unterschiedlichsten Winkeln des Cross-Marketings.

Kontakt:

Tobias Meyer

Neu-Rautendorfer Straße 70

28879 Grasberg

Telefon +49 (0) 42 93 7 89 02 20

E-Mail tobmey@googlemail.com

Michael Schade studierte Wirtschaftswissenschaften an der Universität Bremen mit den Schwerpunkten Marketing, Markenmanagement und Wirtschaftspsychologie (Projektmanagement). Er verfügt über mehrjährige wissenschaftliche Erfahrung in Fragen des Co-Branding. Als Berater eines Filmproduktions-Unternehmens hat er Cross-Marketing als zentrales Marketinginstrument in das Marketingkonzept integriert und kann dem Leser so wertvolles Praxis-Know-how bieten.

Kontakt:

Michael Schade

Besselstraße 15

28865 Lilienthal

Telefon +49 (0)1 74 7 99 12 38

E-Mail mschade@online.de

Tobias Meyer studierte Wirtschaftswissenschaften an der Universität Bremen mit den Schwerpunkten innovatives Markenmanagement und Wirtschaftspsychologie. Er verfügt über mehrjährige umfangreiche Projekterfahrungen durch Tätigkeiten für Marken- und Unternehmensberatungen in der Lebensmittel- und Finanzdienstleistungsbranche. Als Marketingleiter eines Küchenartikelherstellers setzte er dann Cross-Marketing als zentrales Element der Markenführung ein und kann so neben theoretischen Grundlagen den Lesern auch wertvolles Praxis-Know-how bieten.

Danksagung

Das Buch wäre nicht ohne die tatkräftige Unterstützung zahlreicher Personen möglich gewesen. Wir möchten uns bei unseren Familien für die moralische Unterstützung bedanken – namentlich: Bärbel, Ernst und Nina sowie Susanne und Joachim.

Für die Idee und die hervorragende Zusammenarbeit bedanken wir uns bei Christian Hoffmann und seinem Team vom Verlag BusinessVillage.

Für die erkenntnisreichen Interviews und zur Verfügung gestellten Unterlagen gilt unserer ganz besonderer Dank den Gesprächspartnern Jens Bartusch, Hans-Ulrich Cyriax, Eckard Nachtwey, Heinz-Jürgen Pick sowie Simon Thun. Für die beigesteuerten Best-Practice-Fälle am Ende des Buches bedanken wir uns sehr herzlich bei Heinz-Jürgen Pick und seinem Team.

1. Stellenwert und Gegenstand des Cross-Marketings

Die Märkte sind gesättigt, das organische Wachstum der Unternehmen stößt zunehmend an seine Grenzen. Um operativ wachsen zu können, sind viele Unternehmen in den vergangenen Jahren mit großem Aufwand dazu übergegangen die einzelnen Märkte in viele Teilmärkte zu segmentieren. Auf diese Weise sollen die Kundenbedürfnisse individueller adressiert werden. So kann der Konsument mittlerweile im Automobilsektor aus mehr als 800 Automodellen auswählen und sich die Zähne mit knapp 100 Zahnpastavarianten putzen.

Da jede Marke natürlich auch beworben wird, ertrinkt der Konsument in einem Meer von knapp 1.300 Werbebotschaften, die täglich auf ihn einprasseln. Den Marken gelingt es daher immer weniger, sich kommunikativ Gehör zu verschaffen – schlimmer noch: Die Konsumenten finden die Marken austauschbar. Wenn aber alles gleich ist, entscheidet der Preis. So ist auch der verstärkte Preiskampf nebst sinkenden Gewinnmargen in vielen Branchen zu erklären.

Was bedeutet das für Sie?
Hieraus ergibt sich die Notwendigkeit, mit weniger Ressourcen die eigene Marke aus dem Angebotswirrwar positiv herauszuheben. Gleichzeitig kennen Sie die Situation nur zu gut, dass Marketingbudgets gekürzt, Projekte on hold gestellt und Ressourcen zugunsten der Vertriebsaktivitäten umgeschichtet werden. Auf den Punkt gebracht: Sie müssen mit weniger Mitteln mehr erreichen.

Effizienzsteigerung am Beispiel Unilever
Selbst ein Weltkonzern wie Unilever kam zu der Einsicht, dass die verfolgte Strategie, sich immer mehr differenzierender Märkte mit unterschiedlichen Marken zu bedienen, an die wirtschaftlichen Grenzen des Unternehmens stieß. So legte Unilever mit dem Programm „Path to Growth" den Grundstein für die Verkleinerung des Markenportfolios von 1.600 auf 400 Marken. Dadurch gelingt es Unilever, seine Marketingbudgets effizienter einzusetzen.

Es gibt zwei bekannte Lösungswege
Der Ansatz, über Akquisitionen von Marken und Unternehmen einfach neue Kunden und Märkte zu kaufen, scheidet für den Großteil der Unternehmen wegen beschränkter finanzieller Mittel aus.

Aus eigener Kraft zu wachsen (organisches Wachstum) stellt sich für viele Unternehmen als sehr schwierig dar: Unter großem Aufwand müssen bestehende Kundengruppen intensiver bearbeitet und neue Kundengruppen angesprochen werden. Doch nicht jedes Unternehmen verfügt über die dafür notwendigen Ressourcen und Kompetenzen. Und auch nicht jede Marke wird in allen Bereichen die nötige Kompetenz vom Konsumenten zugesprochen – „Perception is reality" heißt es treffend, das heißt entscheidend ist, wie Sie vom Konsumenten wahrgenommen werden.

Cross-Marketing als dritter Lösungsweg

Was steht derzeit auf Ihrer Marketing-Agenda? Wollen Sie Ihr Markenimage aktualisieren, neue Zielgruppen erreichen, die Distribution erhöhen, sich neue Vertriebswege erschließen, einfach nur den Abverkauf steigern oder die Werbekosten reduzieren? Alles das können Sie – egal wie groß Ihr Unternehmen ist – mit Cross-Marketing erreichen. Dabei nutzen Sie die Stärken Ihres Partners zur Erreichung Ihrer Ziele. Die Strategie, die sich dahinter verbirgt, ist so genial wie einfach: Beide Partner profitieren wechselseitig von den Stärken des anderen und erreichen so schneller ihre Ziele. Bildlich gesprochen: 1 + 1 = 3.

Cross-Marketing wird immer relevanter

Dass viele Unternehmen Cross-Marketing zunehmend für sich entdecken und auf ihre Agenda setzen, belegt eine von Noshokaty, Döring und Thun sowie Sempora Management Consultants durchgeführte Befragung unter Führungskräften von Großunternehmen und Mittelständlern. So gehen über 90 Prozent aller Befragten von einer zunehmenden Relevanz des Cross-Marketings in den kommenden Jahren aus.

Das erwartet Sie in den kommenden zwei Stunden

Wir nehmen Sie mit auf eine Reise durch die Welt des Cross-Marketings. Dabei wollen wir Ihnen praxisorientiert und anhand vieler Beispiele aufzeigen, wie Sie mit dieser Strategie schneller erfolgreich sein können.

Das Cross-Marketing sollte immer auf die Marketingziele einzahlen. Daher zeigen wir Ihnen zunächst, wie Sie Ihre Marketing-Ziele definieren und welche Sie mit Cross-Marketing besonders effektiv erreichen können.

Im Ideenguide zeigen wir Ihnen das ganze Spektrum an Cross-Marketing-Möglichkeiten auf und illustrieren dies anhand zahlreicher Beispielen aus der Praxis. Ferner nennen wir Ihnen die maßgeblichen Erfolgskriterien, die Sie unbedingt beachten sollten.

Im vierten und fünften Kapitel führen wir Sie durch einen strukturierten Managementprozess von der Konzeption, über die Partnerwahl, der gemeinsamen Strategieentwicklung bis hin zu wichtigen vertraglichen Aspekten und der Erfolgskontrolle.
Um Ihre potenziellen Partner von Ihrer Idee, die Sie hoffentlich durch das Lesen dieses Buches erhalten haben, zu überzeugen, haben wir die Fragen „Wie präsentiere ich meine Idee überzeugend?", „Wie verhalte ich mich gegenüber meinen Gesprächspartnern?" und „Wie führe ich erfolgreiche Verhandlungen?" kurz und vor dem Hintergrund unserer eigenen Erfahrungen im Rahmen des Kapitels Präsentationskunde beantwortet.

Wir haben fünf Interviews mit ausgewiesenen Experten geführt, die sich vor dem Hintergrund ihrer persönlichen Erfahrung zu unterschiedlichen Themenaspekten des Cross-Marketings äußern. Hierdurch erhalten Sie einen Blick hinter die Kulissen des Cross-Marketings und partizipieren an dem reichhaltigen Wissens- und Erfahrungsschatz unserer Gesprächspartner.

Die Best-Practice-Beispiele am Schluss des Buches veranschaulichen Ihnen, wie Ihre Kollegen das Thema Cross-Marketing für sich erfolgreich umgesetzt haben.

Das verstehen wir unter Cross-Marketing

Bevor wir in das Thema einsteigen, wollen wir gemäß dem Motto „Definition ist Klarheit" eine Definition des Begriffes vornehmen, damit Sie und wir nicht aneinander vorbeireden.

In der Literatur wird der Begriff Cross-Marketing auch als Kooperationsmarketing, Marken- oder Marketingkooperation bezeichnet. Vor dem Hintergrund der Interviews und der eigenen Erfahrung erachten wir folgende Definition als zweckmäßig:

Cross-Marketing-Definition

Cross-Marketing ist ein übergeordneter Begriff für die unterschiedlichsten Formen der Zusammenarbeit zweier oder mehrerer Partner im Marketing (sowohl auf Unternehmens- als auch Markenebene). Dabei werden spezifische Kompetenzen und Ressourcen von den Partnern in die Kooperation eingebracht, um unter Nutzung ausgewählter Marketing-Mix-Instrumente die jeweiligen Ziele des Cross-Marketings effizienter als im alleinigen Vorgehen zu erreichen.

Hinweis

Alle im Buch genannten Marken und Warenzeichen sind Eigentum der jeweiligen Unternehmen sowie Organisationen. Die verwendeten Markennamen unterliegen dem Urheberrecht der jeweiligen Eigentümer.

Uns hat das Schreiben über Cross-Marketing sehr viel Spaß gemacht und wir hoffen, dass Ihnen das Lesen ebenso viel Spaß macht.

Bremen, im April 2007
Tobias Meyer und Michael Schade

Im Gespräch mit Hans-Ulrich Cyriax

Beschreiben Sie uns bitte in einem Satz was die Schwerpunkte Ihrer Beratung sind?

Ich beschäftige mich mit der Entwicklung und dem Management von Marken und Identitäten und begleite Wachstums- und Veränderungsprozesse. Ziel ist es, in der gesamten Wertschöpfungskette einen messbaren Beitrag zur Steigerung des Unternehmens- und Markenwerts zu schaffen.

Welche Rolle nehmen Sie gegenüber Ihren Kunden in puncto Cross-Marketing ein?

Eindeutig die des strategischen Beraters. Denn im Zentrum von Cross-Marketing sollten immer die Bedürfnisse und Ziele der Kunden stehen. Das wird oft vergessen, wenn nach einem passenden Partner gesucht wird.

Welches Verständnis von Markenmanagement und Marketing haben Sie?

Um eine Marke erfolgreich zu führen, ist ein vernetztes und an den Unternehmenszielen ausgerichtetes Markenmanagement gefragt, dass alle Aspekte und Dimensionen der Markenidentität berücksichtigt, dass an den Maßgaben von Relevanz und Effizienz ausgerichtet ist und letztlich tatsächlichen Mehrwert für die Marke schafft. Markenmanagement ist zwingend notwendig, um gutes Marketing betreiben zu können. In dem Fachbegriff steckt das Wort Markt. Marketing bedeutet demnach „Umgang mit Märkten" und umfasst alles, was den Absatz fördert. Es bezeichnet jedes unternehmerische Planen und Handeln, das sich am Markt orientiert. Um Marketing zu betreiben, bedarf es der Fähigkeit genauer Beobachtung. Die beste Methode, um relevante Marketing-Maßnahmen zu entwickeln, besteht darin, sich in die Köpfe der Kunden hineinzuversetzen. Der Leitgedanke des Marketing muss als lauten: Der Kunde ist König! Marketing muss sich daher bei allem, was im Unternehmen geschieht, mit zwei zentralen Fragen auseinandersetzen: Wo liegt der Nutzen für den Kunden? Wo liegt der Nutzen für das Unternehmen?

Wo würden Sie Cross-Marketing in diesem Verständnis einordnen?

Cross Marketing, zu deutsch Kooperationsmarketing, ist ein strategisches Marketinginstrument. Dabei kommen Partner zusammen, die sich gegenseitig befruchten wollen und im Idealfall einen Mehrwert schaffen. Ein gelungenes Beispiel ist beispielsweise die Zusammenarbeit vom Suhrkamp Verlag und Faber Castell. Viele Schriftsteller des Suhrkamp Verlags schreiben ihre Bücher mit den exklusiven (Blei-)Stiften von Faber Castell. Grund genug, dass hohe Renommee beider Firmen dort gemeinsam zu präsentieren, wo die Themen Schreiben und Lesen eine sinnvolle Symbiose eingehen. So wurde das 50. Jubiläum des Suhrkamp Verlags zum „Cross Referencing" genutzt, um die jeweiligen Zielgruppen auf höchstem Niveau anzusprechen. So geschehen auch in der Cross-Marketing-Partnerschaft zwischen der führenden Dessous-Marke Chantelle und der Traditionsmarke Lancome und ihrem Erfolgsduft Tresor. Beide Produkte werden auf der Haut getragen, kommen aus Paris und verkörpern die totale Sinnlichkeit. Bei der Umsetzung des Cross-Marketing Konzepts war es das Ziel, einen hohen Image- und Aufmerksamkeitstransfer zu erzielen und für beide Produkte wechselseitige Kaufanreize zu schaffen. So wurden Chantelle-Kundinnen mit Lancome-Duftproben während der Anprobe verwöhnt. Die Aktion wurde über Anzeigen, Plakate und PR bekannt gemacht. In 300 Top Chantelle-Dessous-Fachgeschäften in Ballungsgebieten wurden Hinweise auf die Top 300 Lancome Parfümerien in direkter Nähe gegeben und umgekehrt. Beide Marken konnten sich so bei ihren Zielgruppen profilieren und beide Fachhändler-Gruppen wurden gegenseitig aktiviert.

Ob sich zwei Marken oder zwei Institutionen verbünden, ob Medienpartner an Marken andocken und sich zu einem gemeinsamen Kommunikationszweck zusammenschließen – Cross Marketing-Aktivitäten sollten immer die jeweils spezifischen Stärken der Partner zum Nutzen der Kunden verbinden. Im Sinne eines ganzheitlichen Markenmanagementverständnisses sollten sich deshalb die Positionierungen beider Partner sinnvoll ergänzen. Die Leistungen der Partner bieten im Ergebnis dann einen unerwarteten Mehrwert nach dem Motto: Eins plus eins gleich drei.

Die derzeit aufkommende Strategie-Diskussion wird geprägt durch Bücher, die zum Erobern blauer Ozeane aufrufen oder auf die Option des Wachstums mit den Stärken externer Partner verweisen, um Risiken zu minimieren oder Ertragschancen zu realisieren – was halten Sie davon in Bezug auf das Markenmanagement?

Die Gründe für die rasant zunehmende Bedeutung von Cross-Marketing sind mannigfaltig: Marketing-Budgets sollen effizienter genutzt werden, der Vertrieb soll effektiver und preiswerter angekurbelt werden, neue

Kundengruppen sollen angesprochen werden. Meiner Ansicht nach wird jedoch die Bedeutung des Partnermarketings in Bezug auf Wachstumsstrategien häufig überschätzt. Denn Marken verfügen zwar über ein hohes Maß an Gestaltkraft, sie besitzen allerdings auch eine große Eigendynamik. Wie schon Hans Domizlaff, der »Urvater« des deutschen Markenwesens feststellte, ist es selten eine »mechanische Rechnung, die zu guten Markenschöpfungen führt, sondern ein durch Selbsterziehung gewonnenes Einfühlungsvermögen«, durch welches starke »Markengebilde« ins Leben gerufen und am Leben gehalten werden.

Gerade bei Cross Marketing-Aktivitäten bedarf es deshalb einer »starken Hand« im Markenmanagement der beiden Partner. Dies gilt erst recht in einem Umfeld, welches von elementaren Herausforderungen wie etwa der zunehmenden Dynamisierung der Märkte gekennzeichnet ist. Cross Marketing braucht deshalb nicht etwa weniger Einflussnahme durch das Management, sondern mehr davon. Das heißt: Führung, Management, Steuerung.

Welche markentechnischen Optionen sehen Sie, Cross-Marketing Strategien umzusetzen?

Wenn zwei unterschiedliche Marken eine Allianz eingehen, so bezeichnet man diese Strategie in der Marketing-Fachsprache als Co-Branding. Sowohl Produkt- als auch Unternehmensmarken bietet sich damit die strategische Option der systematischen Markierung gemeinsamer Leistungen. Ein Beispiel für Co-Branding auf Produktmarkenebene ist etwa Langnese, die mit Milka ein gemeinsames Eis auf den Markt gebracht haben. Auf Unternehmensebene werden Co-Branding Strategien häufig zur Markierung von Gemeinschaftsunternehmen eingesetzt. Beispielsweise gründeten Sony und Ericsson das 50:50-Joint Venture Sony Ericsson Mobile Communications. Gemeinsam verfolgen beide Unternehmen die Mission, Sony Ericsson zur attraktivsten und innovativsten Weltmarke in der Mobiltelefonbrache aufzubauen. Co-Branding ist damit eine echte Alternative zum klassischen Markentransfer oder zum Aufbau einer Neumarke.

Allerdings ist der Erfolg einer Co-Branding-Strategie kein Selbstläufer. Vielmehr müssen eine Reihe kritischer Erfolgsfaktoren beachtet werden: Dabei ist der sogenannte ‚Fit' zwischen den Marken entscheidend. Das heißt, der Kunde sollte subjektiv einen Zusammenhang zwischen den beiden Marken erkennen und diesen positiv beurteilen. Dieser kann sich begründen durch eine emotionale Nähe beider Marken, sich ergänzende Leistungsmerkmale oder vergleichbare Preispositionierungen. Darüber hinaus stellt Co-Branding auch für die Organisation des Markenmanagements eine erhebliche Herausforderung dar. Insbesondere die Kompatibilität der Unternehmenskulturen und Organisationsstrukturen hängt davon ab, ob die Zusammenarbeit für beide Partner eine Win-Win-Situation wird.

Die Ziele des Cross-Marketings lassen sich also aus den übergeordneten Marketingzielen ableiten. Wie geht man aus Ihrer Erfahrung nach zunächst bei der Definition der Marketingziele vor und wie stellt man deren Operationalisierung sicher?

Im Kern jeder Marketingkonzeption sollte meiner Ansicht nach die Positionierungsstrategie stehen. Sie ist die umfassende Beschreibung der Identität eines Unternehmen oder einer Organisation. Sie definiert nach innen die strategischen Ziele und die Maßnahmen zu deren Umsetzung sowie nach außen die wesentlichen Differenzierungsfaktoren, den Kundennutzen und das Leistungsversprechen. Damit wird die Positionierung zur Grundlage, um Veränderungen innerhalb und außerhalb des Unternehmens zu vermitteln und zu managen. Sie bietet sowohl Mitarbeitern, als auch Kunden und Shareholdern eine klare Orientierungs- und Handlungsbasis.

Die Relevanz der Positionierungsstrategie erweist sich allerdings im Alltag. Dazu ist zu definieren, welche Aspekte die externe Markenwahrnehmung beeinflussen und worin der individuelle Beitrag jeder Führungskraft und jedes Mitarbeiters zur Umsetzung des Leistungsversprechens liegt. Ein Leitbild mit hoher Relevanz für die Mitarbeiter kann hier als Leuchtturm dienen.

Der Prozess zur Umsetzung einer Positionierungsstrategie ist in der Regel ein unternehmenskultureller Veränderungsprozess und dementsprechend längerfristig angelegt. Zentrales Element ist dabei die Befähigung der Führungskräfte und Mitarbeiter, das Leistungsversprechen gegenüber dem Kunden einlösen zu können. Dies ist gerade bei längerfristig angelegten Cross-Marketing-Kooperationen sehr wichtig. Ziel ist es, über das Mitarbeiterverhalten konsistente und differenzierende Markenerlebnisse zu schaffen und die Kundenzufriedenheit signifikant zu verbessern. Verbindlich, glaubhaft und messbar wird die Positionierungsstrategie für Mitarbeiter und Kunden über operative Standards wie beispielsweise Qualitäts-, Führungs- und Kommunikationsstandards.

Welchen Stellenwert nehmen dabei die von Ihnen erwähnten operativen Standards ein?

Im Operationalisierungsprozess sind in jedem Fall die Führungskräfte in der Verantwortung. Denn Führen heißt Vorbild sein und das Leitbild im gesamten Unternehmen zu 'leben' fängt bei den Führungskräften an. Doch wie sieht das konkret aus? Welche Instrumente unterstützen die Umsetzung? Relevant, glaubhaft und messbar wird das Leitbild über operative Standards wie Qualitäts-, Führungs- und Kommunikationsstandards. Qualität zum Beispiel wird in Unternehmen oft rein faktenorientiert über ISO-Zertifizierungen geregelt. Qualität ist jedoch auch ein Vereinbarungsthema, das seine Erdung im Leitbild hat und auch unter Wahrnehmungsaspekten betrachtet werden muss. Die Art und Weise, wie beispielsweise Lufthansa Stewardessen den Markenkern „Passion for perfection" an ihre Fluggäste vermitteln hat sehr viel mit der Operationalisierung des Leitbildes zu tun. Denn das Qualitätsversprechen und seine Umsetzung am Kunden ist die konkrete, arbeitsplatzrelevante Interpretation dessen, was im Leitbild als Rahmenbedingung definiert wurde. Je relevanter und präziser hier in operativen Standards dekliniert wird, welche Konsequenzen sich für jeden einzelne Mitarbeiter bei der Verwirklichung des Leitbildes ergeben, desto erfolgreicher wird der Umsetzungsprozess auch von den Mitarbeitern angenommen.

Die Leitbildimplementierung ist Teil eines mehrstufigen 'Brand Engagement Prozesses', bei dem es vor allem darum geht, das Markenverständnis aller Mitarbeiter zu vertiefen sowie deren Befähigung in Gang zu setzen, um Motivation, Bereitschaft und Leistungswillen zu stimulieren. Denn erst wenn das Leitbild gelebte Realität wird – und nur dann – kann damit auch Geld verdient werden, allein oder eben in einer Cross-Marketing-Kooperation mit anderen Marken.

Herr Cyriax, wir danken Ihnen für das informative Gespräch.

Hans-Ulrich Cyriax ist Unternehmensberater, spezialisiert auf die Bereiche Marken- und Identitätsentwicklung. Bis Mai 2007 war er Consulting Direktor und Mitglied Geschäftsleitung bei dem internationalen Markenberatungsunternehmen Henrion Ludlow Schmidt in Hamburg. Er betreut Projekte des strategischen Marketings für Bluechip-Klienten verschiedenster Industrien, wie zum Beispiel Finanzdienstleistung, Medien, Airline und Aviation. Zudem betreut er Mandate für Organisationen, wie zum Beispiel das Auswärtige Amt der Bundesrepublik Deutschland. Sein Beratungsspektrum erstreckt sich von Markenportfolio- und Positionierungsstrategien, Identitätsentwicklung, der Konzeption und Durchführung von Veränderungsprozessen, bis hin zur Entwicklung und Umsetzung in- und externer Kommunikationskonzepte. Hans-Ulrich Cyriax ist Diplom-Politologe und ausgebildeter Journalist. Er publiziert regelmäßig zu Themen der strategischen Markenführung und Identitätsentwicklung und ist zudem als Universitätsdozent sowie Referent von Vorträgen engagiert.

Kontakt:
CI – CYRIAX IDENTITY
Hans-Ulrich Cyriax
Kottwitzstraße 10, 20253 Hamburg
Telefon   +49 (0)1 70 5 51 40 86
E-Mail   uc@cyriax-identity.de

2. Mit der passenden Strategie zum Erfolg – so leiten Sie aus Ihrem Marketingplan die Cross-Marketing-Ziele ab

Was wollen Sie erreichen? So definieren Sie Ihre Marketingziele

Auf Basis einer Unternehmens- und Marktanalyse sollten die Marketingziele formuliert werden. Theorie und Praxis empfehlen hierzu eine Stärken-Schwächen-Analyse (SWOT-Analyse) vorzunehmen (Vergleiche hierzu ausführlich Homburg/Krohmer 2003, Becker 1998 und Meffert 2000.) Ohne Klarheit der grundsätzlichen Ausrichtung droht die Marketingplanung zu einer reaktiven Anpassung an Umweltveränderungen mit der Gefahr eines „Durchwurstelns" zu degenerieren (vergleiche Meffert 2000, Seite 69).

Zunächst möchten wir Ihnen das Zielsystem im Marketing grundsätzlich vorstellen. Im zweiten Abschnitt zeigen wir Ihnen dann die konkreten Marketingziele auf, welche Sie durch Cross-Marketing besonders gut erreichen können.

Das Zielsystem im Marketing

Das Zielsystem im Marketing lässt sich an Hand einer Pyramide veranschaulichen. Die folgende Abbildung zeigt die Bausteine dieser Zielpyramide.

Diese verdeutlicht, dass in einem Unternehmen Ziele auf verschiedenen Ebenen vorliegen, die durch Mittel-Zweck-Beziehungen miteinander verbunden sind. So stellt zum Beispiel die Erfüllung der Marketingziele ein Mittel zur Realisierung der Unternehmensziele dar.

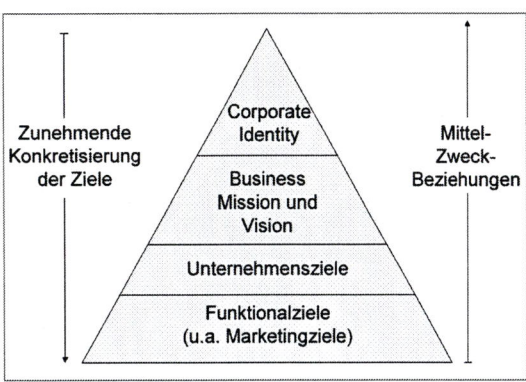

Abbildung 1: Die Bausteine der Zielpyramide

Die Ziele auf der oberen Ebene (Corporate Identity, Business Mission und Vision) sind eher abstrakt. Je weiter man sich in der Zielpyramide nach unten bewegt, desto konkreter werden die Ziele.

Im Folgenden möchten wir Ihnen die vier Bausteine der Zielpyramide im Detail vorstellen:

Corporate Identity

Die „Persönlichkeit" und „Identität" eines Unternehmens wird als Corporate Identity (kurz CI) bezeichnet. Sie spiegelt den gegenwärtigen Zustand eines Unternehmens, seine Tradition sowie die Einstellungen der Führungskräfte und Mitarbeiter wider. Aufgabe der Corporate Identity ist es, Wertvorstellungen für den Umgang mit Kunden, Kapitaleignern, Konkurrenten, Lieferanten, der Öffentlichkeit und den Mitarbeitern zu liefern. Diese Werte sollten im gesamten Unternehmen, zum Beispiel durch Unternehmensleitsätze, kommuniziert werden. Beispielhaft seien die Leitsätze von Schöller aufgeführt:

Die zehn Unternehmensleitsätze von Schöller (vergleiche Becker 1998, Seite 38.)

- *Ob Kunde, Kollege oder Mitarbeiter, der Mensch steht für uns im Mittelpunkt aller unserer Überlegungen und unseres gesamten Handelns.*
- *Nur mit der Bereitschaft zur Veränderung bewältigen wir die Zukunft.*
- *Nur gemeinsam können wir unsere Ziele erreichen.*
- *Führen heißt Vorbild sein und Verantwortung übernehmen.*
- *Niemand von uns ist unfehlbar, Fehler geben wir zu und verschleiern sie nicht.*
- *Wir lösen Probleme, statt Schuldige zu suchen.*
- *Wir müssen in jeder Beziehung kompetent und verlässlich sein.*
- *Bei Qualität kennen wir keine Kompromisse.*
- *Wir verkaufen nicht nur Produkte, sondern bieten Problemlösungen an.*
- *Fair, fortschrittlich, fröhlich und freundlich – das sind wir!*

Alle weiteren Ziele und Maßnahmen sollten zur Corporate Identity passen. Im Beispiel von Schöller ist die Produktqualität ein zentraler Bestandteil der Unternehmensidentität. Daher sollte Schöller niemals Maßnahmen ergreifen, die negative Auswirkungen auf die Produktqualität haben könnten. Jedes Unternehmen hat eine Corporate Identity, auch wenn diese nicht immer in Form von Leitsätzen formuliert ist. In solchen Fällen gilt es, sich die eigene Identität bewusst zu machen, sie zu dokumentieren und im Unternehmen zu vermitteln. Denn nur so ist gewährleistet, dass sich alle Mitarbeiter entsprechend der Wertvorstellungen verhalten.

Die Corporate Identity wird durch das Verhalten der Mitarbeiter (Corporate Behavior) für den Kunden erlebbar. Manche Unternehmen gehen dabei so weit, die Erscheinung sowie das Verhalten der Mitarbeiter zu standardisieren, beispielsweise durch einheitliche Kleidung oder „Lächel-Gebote". Dem Nutzen eines solchen Ansatzes (Konsistenz im Außenauftritt) steht eventuell der Verlust von Authentizität der Mitarbeiter entgegen.

Corporate Behavior am Beispiel der Freundlichkeitsgebote von The Ritz-Carlton

Unser Motto lautet: „We Are Ladies and Gentlemen Serving Ladies and Gentlemen". Als professionelle Dienstleister behandeln wir unsere Gäste und einander mit Respekt und Würde. [...] „Lächeln Sie – wir stehen auf der Bühne". Suchen Sie immer Augenkontakt. Verwenden Sie das entsprechende Vokabular im Umgang mit unseren Gästen und Ihren Kollegen. Benutzen Sie Ausdrücke wie: „Guten Morgen" – „Selbstverständlich" – „Es freut mich" – „Es ist mir ein Vergnügen". Sprechen Sie den Gast, wenn angebracht und möglich, mit seinem Namen an. [...] Halten Sie die Ritz-Carlton Telefonetikette ein. Lassen Sie das Telefon nie länger als dreimal klingeln und nehmen Sie jedes Gespräch mit einem „Lächeln" entgegen. (Vergleiche Homburg/Krohmer 2003, Seite 663.)

Business Mission und Vision

Die Business Mission (wird auch als Unternehmenszweck bezeichnet) bestimmt, welche Arten von Leistungen das eigene Unternehmen erbringen will. Dafür ist die Frage zu beantworten: „Was ist unser Geschäft?"

Früher wurde die Business Mission fast immer produktionsorientiert formuliert, zum Beispiel „Wir sind ein Computerhersteller". Heute wählen zunehmend mehr Unternehmen kundenorientierte Formulierungen, wie „Wir helfen Unternehmen bei der Bewältigung ihrer Informations- und Kommunikationsprobleme".

Die Business Mission des Küchenartikelherstellers Berndes

Unser Ausgangspunkt ist die Küche. Wir sind der führende Anbieter von Kochgeschirr im Bereich Aluminiumguss in Deutschland. Wir sind der Spezialist und Innovator bei Versiegelungen. Wir haben diesen Markt geschaffen und entwickelt, und unsere Marke steht für absolute Qualität und Innovationen bei Aluminiumguss und Versiegelungen. [...] Wir produzieren und liefern Produkte, die die Erwartungen und Wünsche unserer Kunden voll erfüllen.

Die Business Mission gibt einen groben Handlungsrahmen für die weitere Zieldefinition und Maßnahmenplanung vor. Unternehmen können langfristig nur erfolgreich sein, wenn sie ihre Business Mission konsequent verfolgen.

Visionen als machbare Utopien

Neben der Business Mission sollte auch eine Vision formuliert werden. Die Vision wird als ehrgeizige und langfristige Zielsetzung verstanden – Visionen sind machbare Utopien. Zur Formulierung sind folgende Fragen zu beantworten: „Wo müssen wir hin, um unsere Existenz zu sichern?" und „Wovon träumen wir?". Die Antworten gehen weit über das Tagesgeschäft hinaus und haben einen grundlegenden Richtungscharakter für das gesamte Unternehmen.

Die Vision von Berndes

Unser Ziel ist es, Berndes als eine globale Marke zu etablieren. Dieser Zielsetzung sind wir in Beschaffung, Fertigung, Markenpräsentation sowie Engagement und Auftritt unserer Mitarbeiter verpflichtet.

Business Mission und Vision bilden die zentralen Oberziele des Unternehmens und damit die Grundlage zur Definition der Unternehmens- und Funktionalziele.

Auf einen Blick

Die Business Mission
- Die Business Mission (Unternehmenszweck) bestimmt, welche Arten von Leistungen das eigene Unternehmen erbringen will.
- Es ist die Frage zu beantworten: „Was ist unser Geschäft?"
- Die Business Mission sollte kundenorientiert formuliert werden.
- Unternehmen können langfristig nur erfolgreich sein, wenn sie ihre Business Mission konsequent verfolgen.

Die Vision
- Die Vision ist die ehrgeizige und langfristige Zielsetzung eines Unternehmens.
- Es sind folgende Fragen zu beantworten: „Wo müssen wir hin, um unsere Existenz zu sichern?" und „Wovon träumen wir?"
- Die Vision sollte sich an den Chancen aus der SWOT-Analyse orientieren und kundenorientiert formuliert werden.

Unternehmensziele

Das Management strebt mindestens die dauerhafte Existenzsicherung seines Unternehmens an. Dieses zentrale Unternehmensziel lässt sich durch finanzielle oder nichtfinanzielle Ziele konkretisieren. Zu den finanziellen gehören zum Beispiel die Realisierung einer angemessenen Kapitalrendite (Return On Investment = ROI) oder die Erhöhung des Shareholder Value. Beispiele für nichtfinanzielle Ziele sind die dauerhafte Sicherung der Eigenständigkeit des Unternehmens oder die Erhaltung beziehungsweise Schaffung von Arbeitsplätzen.

Zur Realisierung dieser Unternehmensziele bedarf es der Erfüllung einer Vielzahl von Funktionalzielen.

Die Unternehmensziele auf einen Blick

- Das zentrale Unternehmensziel ist meist die dauerhafte Existenzsicherung des Unternehmens.
- Es lässt sich durch finanzielle (zum Beispiel die Realisierung einer angemessenen Kapitalrendite – ROI) oder nichtfinanzielle Ziele (zum Beispiel die dauerhafte Sicherung der Eigenständigkeit des Unternehmens) konkretisieren.

Die (abgeleiteten) Marketingziele

Die dauerhafte Existenzsicherung des Unternehmens kann nur durch die Beiträge der verschiedenen Unternehmensbereiche wie Marketing, Personalmanagement, Finanzen, Produktion sowie Forschung und Entwicklung erreicht werden. Für den Marketingbereich schlagen Homburg und Krohmer eine Unterscheidung zwischen drei Zielkategorien vor (vergleiche Homburg/Krohmer 2003, Seite 345 ff.): potenzialbezogene, markterfolgsbezogene und wirtschaftliche Marketingziele.

Zu den **potenzialbezogenen Marketingzielen** gehören zum Beispiel die Steigerung des Bekanntheitsgrades sowie die Verbesserung des eigenen Markenimages oder der Kundenzufriedenheit. Beispiele für **markterfolgsbezogene Ziele** sind die Erhöhung des Marktanteils oder die Gewinnung neuer Kunden. **Wirtschaftliche Marketingziele können** unter anderem die Steigerung des Umsatzes oder die Senkung der Marketingkosten sein.

Zwischen den drei Zielkategorien besteht eine kausale Kette; das heißt, die potenzialbezogenen Ziele führen zur Erreichung der markterfolgsbezogenen, die wiederum zur Realisierung der wirtschaftlichen Marketingziele. Beispielsweise kann sich auf der Basis einer hohen Kundenzufriedenheit (potenzialbezogenes Marketingziel) ein größerer Marktanteil (markterfolgsbezogene Ziele) durch Wiederholungskäufe zufriedener Kunden ergeben. Der gesteigerte Marktanteil führt wiederum zu höheren Umsätzen (wirtschaftliches Marketingziel). Die potenzialbezogenen Ziele bilden somit die Basis für ein erfolgreiches Marketing.

Bei der Festlegung der Marketingziele gilt es, die in der SWOT-Analyse identifizierten Schwächen in Stärken umzuwandeln. Ist beispielsweise die eigene Marke in der Zielgruppe kaum bekannt, so ergibt sich daraus als potenzialbezogenes Marketingziel die Steigerung des Bekanntheitsgrades.

Cross-Marketing – eine Strategie zum Erreichen der Marketingziele

Es gibt zwei grundsätzliche Strategien, um die zuvor formulierten Marketingziele zu erreichen: alleiniges oder kooperatives Vorgehen mit einem Partnerunternehmen. Da wir uns in diesem Buch auf Cross-Marketing konzentrieren, wollen wir im folgenden Abschnitt diejenigen Ziele genauer darstellen, welche durch Cross-Marketing besonders gut zu erreichen sind.

Die Marketingziele auf einen Blick

■ Die Marketingziele werden in potenzialbezogene (zum Beispiel Bekanntheitsgrad, Markenimage oder Kundenzufriedenheit), markterfolgsbezogene (zum Beispiel Marktanteil oder Kundenloyalität) und wirtschaftliche Ziele (zum Beispiel Umsatz oder Marketingkosten) unterteilt.

■ Weitere Ziele können im Bereich des Marketing Mix formuliert werden, beispielsweise eine Differenzierung von der Konkurrenz in der Produkt- und Kommunikationspolitik.

■ Die SWOT-Analyse stellt die Basis zur Festlegung der Marketingziele dar; dabei gilt es vor allem Schwächen in Stärken umzuwandeln.

Diese Ziele können Sie durch Cross-Marketing erreichen

Cross-Marketing ist nur zweckmäßig, wenn es zur Realisierung der zuvor formulierten Marketingziele beiträgt. Die im Folgenden dargestellten Ziele einer Marketingkooperation sollten daher den Marketingzielen immer untergeordnet sein.

Imageziele

Der Begriff Image stammt vom lateinischen Wort „imago", welches mit „Vorstellungsbild" übersetzt werden kann. Mayer und Mayer definieren Image als „das Bild, das sich jemand von einem Gegenstand macht." (Mayer/Mayer 1987, Seite 13.) Images können sich auf die verschiedensten Gegenstände beziehen, zum Beispiel Personen, Länder, Parteien, Fußballvereine oder Marken.

Die Speicherung von Images im Gedächtnis des Menschen erfolgt durch sogenannte „assoziative Netzwerke".

In dem fiktiven Beispiel der Abbildung 2 auf der folgenden Seite wird bei der Marke Mercedes unter anderem zunächst an „Auto", „komfortabel", „sicher" und „konservativ" gedacht. Mit der Eigenschaft „konservativ" wird dann ein „älterer Fahrer" assoziiert.

Für neu eingeführte Marken sollte bei der Zielgruppe zunächst das angestrebte Markenimage (Soll-Image) aufgebaut werden, man spricht von einem Imageaufbau. Bei etablierten Marken ist das Image der eigenen Marke im Vergleich zu den Konkurrenzmarken zu ermitteln. Entspricht das bei den Verbrauchern gemessene Markenimage (Ist-Image) nicht den eigenen Vorstellungen (Soll-Image) und/oder gibt es keine Differenzierung zu den Images der Konkurrenten, sollte das eigene Markenimage verändert werden; zum Beispiel durch die Ergänzung neuer Imageeigenschaften. Dies wird als Imagemodifikation bezeichnet. Sind Ist- und Soll-Image dagegen weitgehend deckungsgleich und unterscheidet sich das eigene Markenimage zudem von den Images der Konkur-

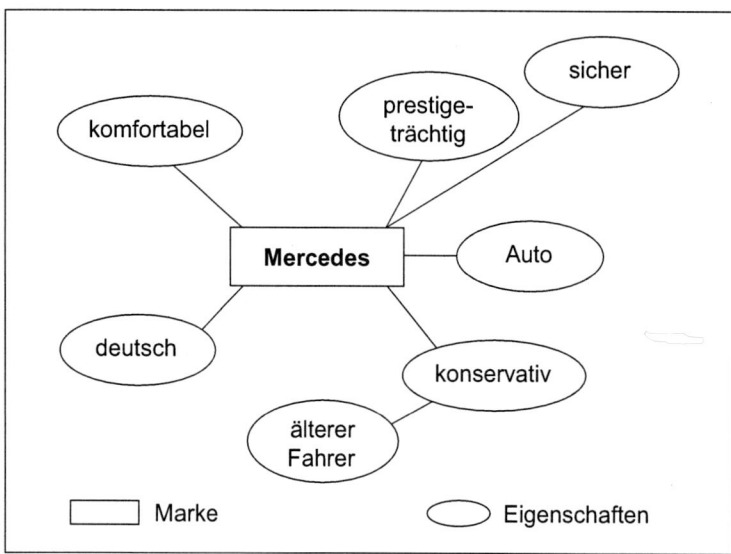

Abbildung 2:
Fiktives assoziatives Netzwerk am
Beispiel der Marke Mercedes

renten, besteht kein dringender Handlungsbedarf. In einem solchen Fall können jedoch bestehende Imageeigenschaften verstärkt werden, eine sogenannte Imagestabilisierung.

Imageaufbau, -modifikation und -stabilisierung lassen sich durch einen Imagetransfer erreichen. Beim Imagetransfer werden die Eigenschaften einer Marke A im Kopf der Konsumenten auf Marke B übertragen und umgekehrt.

In dem fiktiven Beispiel der Abbildung 3 wird durch den Imagetransfer die Marke B nun auch mit der Eigenschaft „dynamisch" verbunden. Darüber hinaus assoziieren die Verbraucher jetzt mit Marke A die Eigenschaft „zuverlässig".

Die verschiedenen Formen des Cross-Marketings ermöglichen einen Imagetransfer zwischen den Partnermarken. (Vergleiche dazu ausführlich den Ideenguide im nächsten Kapitel.) Neben dem Imagetransfer, kann durch die Cross-Marketing Aktivität an sich ein innovatives und modernes Markenimage geschaffen werden.

Cross-Marketing zwischen Philishave und Nivea For Men – Beispiel für einen Imagetransfer
Beiersdorf mit seiner Marke Nivea For Men und Philips mit Philishave sind die Cross-Marketing Form des Co-Branding eingegangen. (Beim Co-Branding bringen zwei Marken ein gemeinsames Produkt auf den Markt, welches mit beiden Marken gekennzeichnet wird. Vergleiche dazu ausführlich den Ideenguide im nächsten Kapitel.) Der Philishave Cool Skin ist ein Elektrorasierer mit integriertem Aftershave von Nivea For Men. Durch das Cross-Marketing wurde die Eigenschaft „Männlichkeit" von der Marke Philishave auf Nivea For Men übertragen. Philishave wiederum erweiterte sein Image um die „Pflegekompetenz" von Nivea. Beide Marken konnten darüber hinaus durch das Co-Branding ihre Images erfolgreich

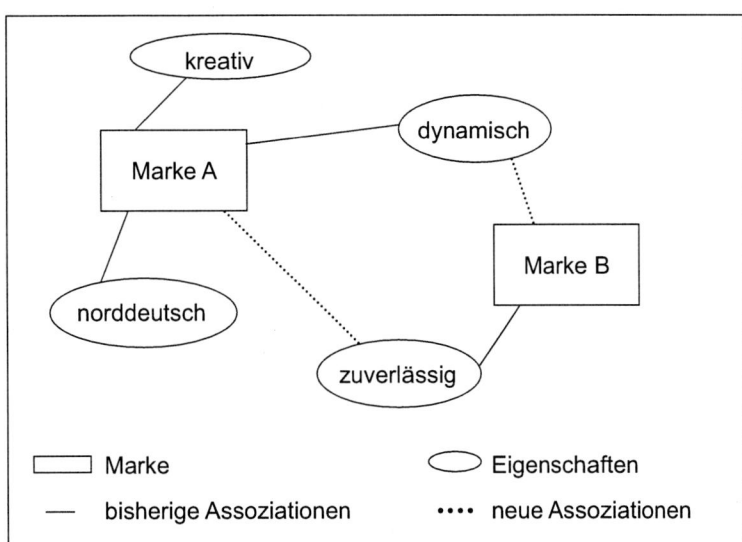

Abbildung 3:
Fiktiver Imagetransfer zwischen
Marke A und Marke B

verjüngen. Die Abbildung 4 auf Seite 20 verdeutlicht die Imageeffekte beim Co-Branding zwischen Philishave und Nivea For Men.

Steigerung des Bekanntheitsgrades
Durch Cross-Marketing lässt sich auch der Bekanntheitsgrad der eigenen Marke erhöhen. Für eher unbekannte Marken bietet Cross-Marketing zudem die Möglichkeit durch eine Kooperation mit einer starken Marke, von deren Bekanntheit zu profitieren. Beispielsweise konnte die zu Beginn der neunziger Jahre unbekannte Marke Intel durch das Ingredient Branding mit bekannten Marken wie IBM, Compaq oder Dell den eigenen Bekanntheitsgrad massiv verbessern (Vergleiche den Abschnitt Ingredient Branding im 3. Kapitel.)

Verbesserung der Glaubwürdigkeit
Marketing ist nur mit glaubwürdigen Werbebotschaften erfolgreich. Cross-Referencing, eine Form des Cross-Marketings (vergleiche zu Cross-Referencing den Ideenguide im nächsten Kapitel), also die Empfehlung durch eine andere Marke, kann die Glaubwürdigkeit der eigenen Kommunikation deutlich verbessern. Beispielsweise hat Braun in seiner Werbung für Bügeleisen das Waschmittel Ariel empfohlen.

Leichtere Gewinnung von Neukunden
Um Neukunden zu gewinnen, muss die Hemmschwelle für einen Probierkauf gesenkt werden. Auch das ist durch Cross-Marketing möglich, indem zum Beispiel das eigene Produkt zusammen mit einem etablierten Produkt des Kooperationspartners zu einem günstigen Preis angeboten wird. Bei diesem sogenannten Product-Bundling (vergleiche dazu ausführlich das nächste Kapitel.) ist der Verbraucher eher bereit ein für ihn neues Produkt auszuprobieren. Gerade bei der Produkteinführung ist ein solches Vorgehen Erfolg versprechend.

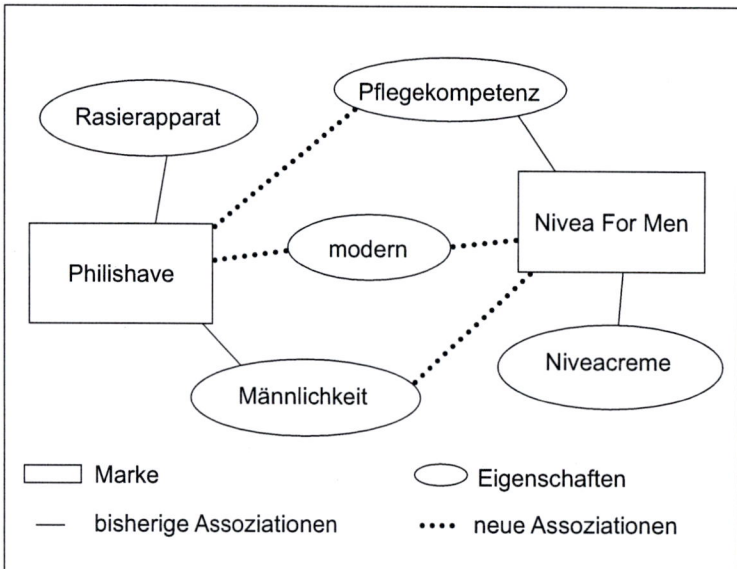

Abbildung 4:
Imageeffekte beim Co-Branding zwischen Philishave und Nivea For Men

Leichtere Ansprache neuer Zielgruppen

Viele Unternehmen streben die Gewinnung von Kunden in neuen Zielgruppen an. Die alleinige Ansprache neuer Kundengruppen ist jedoch meist sehr schwierig. Durch die Kooperation mit einem Unternehmen, welches bei der angestrebten Zielgruppe über eine starke Marktstellung verfügt, kann dieses Marketingziel schneller und leichter erreicht werden.

Die Bahn erreichte durch eine Kooperation mit Lidl und Tchibo neue Zielgruppen

In den Jahren 2005 und 2006 hat Die Bahn in zeitlich begrenzten „Schnäppchenaktionen" ihre Tickets über Lidl und Tchibo vertrieben. Mit dieser Aktion wollte Die Bahn Kunden gewinnen, für die Zugfahren bisher nicht in Frage kam. Deshalb wurden die Tickets auch außerhalb der Bahnhöfe angeboten. (Vergleiche zu diesem Beispiel den Abschnitt Verkauf-/Vertriebspartnerschaften im Ideenguide.)

Kostenreduzierung

Bei vielen Unternehmen wurden in den vergangenen Jahren die Marketingbudgets gekürzt. Nach einer Studie der DG-Bank aus dem Jahr 2002, ist die Kostenreduzierung für 89 Prozent der befragten Unternehmen ein wichtiges Cross-Marketing Ziel. (vergleiche Vilmar 2006, Seite 48.) „Wenn alles gut läuft, kann man beim Cross-Marketing mit 50 Prozent der Kosten einen hundertprozentigen Ertrag erreichen." (Wieczorek/Lachmann 2005, Seite 65.) Beispielsweise reduzieren sich bei gemeinsamer Werbung durch eine Aufteilung der Kosten die Kommunikationsaufwendungen beider Partner. (Vergleiche dazu den Abschnitt Cross-Advertising im nächsten Kapitel.)

„Wenn alles gut läuft, kann man beim Cross-Marketing mit 50 Prozent der Kosten einen hundertprozentigen Ertrag erreichen."
Wieczorek/Lachmann 2005, Seite 65

Differenzierung von der Konkurrenz

Die Differenzierung von der Konkurrenz ist eine zentrale Erfolgsvoraussetzung im Marketing. In diesem Zusammenhang wird die etwas martialisch anmutende aber treffende Formulierung „differentiate or die" verwendet.

Es sollte eine Differenzierung in der Produkt- (Unique Selling Proposition = USP) und Kommunikationspolitik (Unique Advertising Proposition = UAP) angestrebt werden. Beispielsweise kann durch das gemeinsame Angebot zweier Produkte (Product Bundling) oder durch das bereits erwähnte Co-Branding eine USP erreicht werden, die für die Konkurrenz nur schwer kopierbar ist.

Die USP sollte im Idealfall durch eine einzigartige Kommunikation (UAP) transportiert werden. Im Zeitalter zunehmend austauschbarer Produkte wird diese Anforderung jedoch nicht immer erfüllt. So sind die meisten Produkte von Adidas und Nike nahezu identisch. Durch differenzierte Kommunikation sind es jedoch in der Wahrnehmung der Konsumenten zwei sehr unterschiedliche Marken.

Generierung von Zusatznutzen für die Verbraucher

Der Grundnutzen erfüllt die Basisanforderungen der Kunden an ein bestimmtes Produkt. Ein Zusatznutzen entsteht dagegen durch das Angebot zusätzlicher Leistungen, welche über die grundlegenden Anforderungen der Kunden hinausgehen. Beispielsweise erwartet der Kunde einer Autowerkstatt die einwandfreie Funktionsfähigkeit seines reparierten Autos (Grundnutzen). Ein Zusatznutzen könnte nun dadurch entstehen, dass die Werkstatt dem Kunden für die Dauer der Repara-

tur unentgeltlich einen Leihwagen zur Verfügung stellt. (Vergleiche Homburg/Krohmer 2003, Seite 410 f.)

Ein Zusatznutzen, der den Wünschen der Konsumenten entspricht, erleichtert die Differenzierung von der Konkurrenz. Darüber hinaus führt er zu einer höheren Kundenzufriedenheit und damit auch zu einer besseren Kundenloyalität. Attraktive Zusatzleistungen unterstützen zudem die Gewinnung von Neukunden.

Zur Generierung eines Zusatznutzens verfügt das Unternehmen über einen großen Gestaltungsspielraum. Durch Cross-Marketing können zusätzliche Leistungen angeboten und damit ein Zusatznutzen geschaffen werden; beispielsweise durch Gutscheine, sogenanntes Couponing.

Das Cross-Marketing zwischen Ehrmann und WMF – ein Couponing-Beispiel
Den Verwendern von Ehrmann-Joghurt wurde unter dem Motto „Man muss ihn auch auslöffeln können" eine Zusatzleistung geboten, indem sie die Deckel der Becher sammeln und diese gegen einen Löffel von WMF eintauschen konnten.

Erhöhung der Distribution beim Absatzmittler

Ein weiteres Ziel kann die Erhöhung der Distribution beim Absatzmittler darstellen. Beispielsweise kann eine Marke, die gegenüber dem Lebensmitteleinzelhandel eine schwache Verhandlungsposition hat, durch eine Cross-Marketing-Maßnahme mit einer renommierteren Marke das eigene Markenimage beim Handel verbessern. Wenn die angestrebte Kooperation dem Handel bei der Erreichung seiner Ziele – Abverkaufsteigerung, gesteigerte Attraktivität der Einkaufsstätte aus Sicht des Kunden – helfen kann, wird das nächste Listungsgespräch aller Voraussicht nach erfolgreicher verlaufen. Denkbar ist auch, dass der stärkere Partner die kleinere Marke „Huckepack" nimmt und eine höhere Distribution zu erzielen hilft.

Beispiel für Erhöhung der Distribution im LEH – renommierte Käsemarke nimmt Weinhersteller „Huckepack"

Durch eine breit angelegte Verkostungsaktion am POS von einer renommierten schweizer Käsemarke mit einem aufstrebenden Weinhersteller konnte zusätzliche Listungsfläche im Lebensmitteleinzelhandel (LEH) für den Weinhersteller erzielt werden. Ausschlaggebend waren die Verhandlungsmacht des starken Partners sowie die gestiegene Attraktivität der Weinmarke für den Absatzmittler.

In diesem Kapitel haben wir schon einige Formen des Cross-Marketing kurz angesprochen. Im nun folgenden Ideenguide möchten wir Ihnen die verschiedenen Cross-Marketing Formen genauer vorstellen. Bei jeder Form werden wir darauf eingehen, welche Ziele Sie damit erreichen können und was Sie beachten müssen, um diese zu erreichen.

◼ Die wichtigsten Cross-Marketing Ziele auf einen Blick

- ◼ Imageziele (Imageaufbau, -modifikation und -stabilisierung) durch einen Imagetransfer zwischen den Partnermarken.
- ◼ Erhöhung der Markenbekanntheit, auf Grund der Außergewöhnlichkeit des Cross-Marketings oder durch eine Verbindung mit einer sehr bekannten Marke.
- ◼ Verbesserung der Glaubwürdigkeit, zum Beispiel durch die Empfehlung einer Partnermarke.
- ◼ Leichtere Gewinnung von Neukunden, denn Cross-Marketing kann die Hemmschwelle für einen Probierkauf senken.
- ◼ Leichtere Ansprache neuer Zielgruppen durch die Kooperation mit einem Unternehmen, welches bei der angestrebten Zielgruppe über eine starke Marktstellung verfügt.
- ◼ Kostenreduzierung durch eine Verteilung der Kosten auf beide Partner.
- ◼ Eine Differenzierung von der Konkurrenz (USP und UAP) ist mit Cross-Marketing aufgrund der Außergewöhnlichkeit leichter.
- ◼ Durch Cross-Marketing können zusätzliche Leistungen angeboten und damit ein Zusatznutzen geschaffen werden. Der Zusatznutzen führt zu einer besseren Kundenbindung und erleichtert die Gewinnung von Neukunden.
- ◼ Die Distribution kann mithilfe eines starken Cross-Marketing-Partners gestärkt werden, indem das Markenimage gegenüber dem Absatzmittler verbessert wird und/oder die starke Marke den schwächeren Partner „Huckepack" nimmt.

3. Cross-Marketing Ideenguide

In diesem Kapitel wollen wir Ihnen eine Auswahl vielfältiger Cross-Marketing-Formen vorstellen und anhand von Beispielen aus der Praxis illustrieren. Des Weiteren geben wir Ihnen Hinweise, worauf Sie unbedingt achten sollten, wenn Sie selber eine Cross-Marketing-Kampagne konzipieren – eine kurze Zusammenfassung zu jeder Form erleichtert Ihnen den Überblick.

Sie werden schnell erkennen, dass trotz Schwerpunktsetzung die meisten Cross-Marketing-Formen weitere Aspekte des Marketing-Mix integrieren und in der Praxis eben Mischformen dominieren. Doch nun lassen Sie sich auf den folgenden Seiten inspirieren.

Co-Branding

Beim Co-Branding schließen sich zwei Marken zusammen und bringen ein gemeinsames Produkt auf den Markt, welches mit beiden Marken gekennzeichnet wird. Es handelt sich dabei um ein für beide Partner neues Produkt. Außerhalb des Co-Branding treten die Marken (Stammmarken) weiterhin eigenständig auf.

Beispiel Philishave und Nivea
Die beiden Marken brachten einen Elektrorasierer mit integriertem Aftershave von Nivea For Men auf den Markt. Hierdurch wurden die Rasurkompetenz von Philishave und die Hautpflege-Kompetenz von Nivea auf das gemeinsame Produkt übertragen. Beide Marken konnten durch das Co-Branding ihre Markenimages erfolgreich verjüngen.

Beispiel Orsay & BRAVO GIRL!
Die Modekette Orsay adressiert mit ihrer trendigen und preiswerten Mode eine junge weibliche Zielgruppe. Zusammen mit der Zeitschrift BRAVO GIRL!, die die gleiche Zielgruppe anspricht, wurde eigens eine „GIRL!-Kollektion" entworfen, die in den Heften beworben und über die Läden von Orsay vertrieben wird. Hierdurch kann Orsay neue, junge Kundinnen für die Marke begeistern und BRAVO GIRL! konnte sich ein weiteres Geschäftsfeld erschließen.

Die Vorteile des Co-Branding
Durch die Markenkombination sollen die Kompetenzen beider Marken auf das Co-Brand-Produkt übertragen werden (im obigem Beispiel die Rasur-Kompetenz von Philips mit der Hautpflege-Kompetenz von Nivea). Somit sinkt bei den Konsumenten die Hemmschwelle für einen Probierkauf. Ein weiterer Vorteil liegt darin, dass beim Co-Branding die Zielgruppen aller beteiligten Marken angesprochen und damit im Vergleich zum alleinigen Vorgehen eine deutlich größere Zielgruppe erreicht werden kann. Auch das Imitieren von Co-Brand-Produkten ist für die Konkurrenz erschwert, da das Besondere gleich zweier Marken kaum zu kopieren ist. Ein wirtschaftlicher Erfolg des Co-Brand-Produkts ist jedoch nur möglich, wenn das neue Produkt einzigartig ist und für den Verbraucher einen Vorteil gegenüber den bereits existierenden Produkten bietet.

Bekanntheits- und Imageeffekte durch Co-Branding

Meist wird jedoch nicht nur der direkte wirtschaftliche Erfolg des Co-Brand-Produktes angestrebt, sondern auch sogenannte indirekte Wirkungseffekte: Da Co-Branding im Marketing immer noch die Ausnahme darstellt, verursacht es bei den Konsumenten einen Überraschungseffekt. Dieser Effekt ermöglicht eine Steigerung des Bekanntheitsgrades der eigenen Marke und eine Differenzierung gegenüber den Konkurrenten. Zudem werden die am Co-Branding beteiligten Marken von der Zielgruppe als innovativ, kreativ und modern angesehen. Ein weiterer indirekter Wirkungseffekt ist der Imagetransfer zwischen den Stammmarken.

Ohne Image- und Produktfit kein Erfolg

Damit beim Co-Branding die gesetzten Ziele erreicht werden, ist die Auswahl des Partners von großer Bedeutung: Die Marke des Partners sollte von der Zielgruppe positiv beurteilt werden. Und zwischen den Stammmarken sollte ein Imagefit bestehen. (Im vierten Kapitel werden im Abschnitt „Drum prüfe, wer sich bindet – darauf sollten Sie bei der Partnerwahl achten" sämtliche Auswahlkriterien ausführlich behandelt.)

Darüber hinaus ist beim Co-Branding der Fit zwischen den bisherigen Produkten der beteiligten Marken und dem neuen Produkt (der sogenannte Produktfit) entscheidend. Im Folgenden wird dieser Produktfit anhand zweier Beispiele erläutert:

Beispiel Milka & Kellog's

Milka und Kellog's haben das Co-Brand-Produkt Milka Crispy Joghurt & Kellog's, eine 300g Tafel Milkaschokolade gefüllt mit Kellog's Cornflakes, auf den Markt gebracht. Es ist offensichtlich, dass in diesem Fall ein Produktfit gegeben war.

Würde, als fiktives Beispiel, Milka mit einer Mineralwassermarke ein Schokoladengetränk entwickeln und vermarkten, so wäre der Produktfit zwischen der Mineralwassermarke und einem Schokoladengetränk wohl nicht ausreichend; ein Misserfolg wäre höchstwahrscheinlich. Ist der Image- und/oder Produktfit zu gering, so wird die Kooperation aus Sicht der Konsumenten als unpassend angesehen und in der Folge abgelehnt.

Co-Branding ist immer Marketing-Mix übergreifend zu konzipieren

Aber nicht nur die Auswahl des Partners, sondern auch die Umsetzung ist für den Erfolg entscheidend. Es reicht nicht aus, zusammen nur ein Produkt zu entwickeln, es sollte auch eine gemeinsame Preis-, Distributions- und Kommunikationspolitik betrieben werden. Co-Branding ist somit immer Marketing-Mix übergreifend angelegt.

Ursachen für negative Imageeffekte

Beim Co-Branding besteht jedoch die Gefahr negativer Imageeffekte für die beteiligten Stammmarken. Ursachen für einen solchen negativen Imagetransfer können unter anderem die mangelnde Qualität des Co-Brand-Produktes, das Verhalten des Kooperationspartners (beispielsweise durch Qualitätsmängel bei den Produkten des Partners) oder ein zu geringer Image- beziehungsweise Produktfit sein.

Weite Verbreitung in der Nahrungsmittelbranche

Besonders im Food-Bereich ist Co-Branding relativ weit verbreitet. Ist der Konsument mit einer der beiden Marken vertraut, so kann er sich leicht vorstellen, wie das neue Produkt schmecken wird; die Hemmschwelle für einen Probierkauf sinkt.

Beispiel Ritter Sport & Smarties

Ein weiteres Beispiel aus der Nahrungsmittelbranche ist das Co-Branding zwischen Ritter Sport und der Marke Smarties von Nestlé. Angeboten wurden die Geschmacksrichtungen Ritter Sport Vollmilch und Ritter Sport Weiße Schoko gefüllt mit bunten Original Smarties. Für Fernseh- und Fachhandelswerbung sowie Verbraucherpromotion standen ein Budget von 2,5 Millionen Euro zur Verfügung. Hauptmotive für die Zusammenarbeit waren die Differenzierung von den Konkurrenten und ein positiver Imagetransfer zwischen den Partnermarken.

Beispiel FRoSTA & Brigitte Diät

Die auf die Herstellung von Tiefkühlfertiggerichten spezialisierte Marke FRoSTA bietet seit Herbst 2005 zusammen mit der Brigitte-Diät zwölf verschiedene Produkte an. Ausschlaggebend für den Erfolg dieses Co-Branding ist der Imagefit der Marken. FRoSTA war der erste Hersteller, der vollends auf die Zugabe von Geschmacksverstärkern und künstlichen Zusatzstoffen verzichtete und dies mit dem FRoSTA-Reinheitsgebot zum Ausdruck bringt. Die Brigitte-Diät verfügt über eine hohe Bekanntheit und steht für Abnehmen ohne Verzicht. Die gemeinsame Klammer für das Co-Branding stellt somit gesunde Ernährung ohne Verzicht auf Geschmack dar. Dadurch, dass die Tiefkühl-

fertiggerichte zudem den convenienceorientierten Kunden, die gerne auf ihre schlanke Linie achten, einen echten Zusatznutzen bietet, wird das Image der Stammmarke als innovativ und kundenorientiert gestärkt (vergleiche Abbildung 5).

Abbildung 5: Co-Branding auf Produktebene zwischen FRoSTA und Brigitte-Diät.

Wie die angeführten Beispiele zeigen, ist Co-Branding auf der Produktebene sehr weit verbreitet. Allerdings kommt diese Form auch auf Marken- und Unternehmensebene zum Tragen.

Beispiel Sony Ericsson – Co-Branding auf Markenebene

Im Herbst 2001 vereinbarten der Telekommunikationskonzern Ericsson und der Unterhaltungselektronikkonzern Sony die Zusammenlegung ihrer Telekommunikationssparten unter dem Co-Brand Sony Ericsson. Ziel war es, unter der neuen Marke die Kompetenzen zu bündeln und die Marktführung im Bereich mobile Multimediaprodukte zu erzielen. Die Bündelung der Kompetenzen erfolgte beispielsweise durch die Einführung des ersten Walkman-Handys, das die seinerzeit bahnbrechende Erfindung des Walkmans mit einem modernen Handy kombiniert. Oder aber die Einbringung der Kamerakompetenz Sonys in die Modellreihe der Cybershot-Handys.

Beispiel WestLB & Mellon Asset Management
Die WestLB sah sich vor das Problem gestellt, im Bereich Fonds nicht ausreichend bekannt zu sein und nicht die nötige Kompetenz aus Sicht der Kunden zugesprochen zu bekommen. Gleichzeitig suchte Mellon, eine der renommiertesten amerikanischen Finanzdienstleister mit dem Schwerpunkt Vermögensverwaltung, den Markteintritt in Deutschland. Unter der gemeinsamen Marke WestLB Mellon Asset Management, einem Joint-Venture-Unternehmen beider Partner, wird Mellons Kompetenz im Bereich Fonds mit der Stärke der WestLB im Renten- und Wandelanleihenbereich kombiniert (vergleiche Abbildung 6).

Abbildung 6: Logo des Co-Brands von WestLB und Mellon

Co-Branding auf einen Blick

Beim Co-Branding bringen zwei Marken ein gemeinsames Produkt auf den Markt, welches mit beiden Marken gekennzeichnet wird. Darüber hinaus hat Co-Branding auch auf Unternehmens- und Markenebene eine hohe Relevanz.

Folgende Ziele können Sie erreichen:
- Wirtschaftlicher Erfolg des Co-Brand-Produktes
- Ansprache neuer Zielgruppen
- Positive Imageeffekte für Ihre Stammmarken
- Steigerung des Bekanntheitsgrades der Stammmarken
- Differenzierung von der Konkurrenz

Darauf sollten Sie achten:
- Partner-Marke muss von Ihrer Zielgruppe positiv beurteilt werden
- Einzigartigkeit des Co-Brand-Produktes sicherstellen
- Image- und Produktfit zwischen den Marken müssen gegeben sein
- Co-Branding immer Marketing-Mix übergreifend konzipieren

Im Gespräch mit Cross-Marketing-Experten Jens Bartusch

Herr Bartusch, beschreiben Sie uns bitte die Tätigkeiten der FRoSTA AG und welche Rolle Sie innerhalb des Unternehmens einnehmen?

Unser Unternehmen ist im Bereich Tiefkühlkost tätig. Die Marke FRoS-TA steht für das Reinheitsgebot, also für Tiefkühlfertiggerichte, die ohne Zusatzstoffe hergestellt werden, einen hohen Qualitätsstandard haben und deshalb sehr gut schmecken. Ich bin hier im Unternehmen für das Produktmanagement verantwortlich.

Welche Rolle nimmt das Cross-Marketing innerhalb der Marketingstrategie von FRoSTA ein?

Das kommt auf die Zielsetzung und die Art des Cross-Marketings an. Wir unterscheiden zwischen kurz- und langfristigen Aktivitäten. Eine kurzfristig angelegte Promotion, zum Beispiel ein Gewinnspiel, ist für uns nur eine begleitende Maßnahme und spielt daher eine eher untergeordnete Rolle. Solche kurzfristigen Promotions sind nur punktuell, sie haben in dem Moment einen großen Effekt, der allerdings nicht lange anhält. Eine strategische Kooperation wie beispielsweise unsere Zusammenarbeit mit der *Brigitte*-Diät hat natürlich eine eher langfristige Wirkung. Sowohl kurz- als auch langfristige Aktivitäten können die Marke für den Verbraucher attraktiver und lebendiger machen. Sie tragen damit ihren Teil zum Gesamterfolg der Marke bei.

Sehen Sie bei vielen kurzfristigen Cross-Marketing-Aktivitäten die Gefahr, dass man sich verzettelt und dadurch die eigene Marke verwässert?

Wenn man zu viele in kurzer Zeit durchführt, ist es sicherlich kontraproduktiv, weil man zu sehr vom eigentlichen Produkt und der eigentlichen Marke ablenkt. Wenn eine kurzfristige Cross-Marketing-Aktivität die andere ablöst, wäre das mit Sicherheit verkehrt – es kommt auf die richtige Dosierung an.

Können Sie uns bitte beispielhaft eine Ihrer kurzfristigen Cross-Marketing-Aktivitäten schildern?

Mit Meyers Weltreisen und Walt Disney haben wir gerade ein Gewinnspiel zum Film „Fluch der Karibik 2" realisiert. Die Verantwortlichen der Agentur, die die DVDs von „Fluch der Karibik 2" vermarkten, sind auf uns zugekommen und haben gefragt, ob wir das Gewinnspiel auf unseren Produkten platzieren können. Wir bieten die Produkte „Piraten Beute" und „Piraten Stix" an, insofern war das natürlich ideal und wir haben zugesagt. Das Gewinnspiel wurde auf die Verpackungen gestickert. Bei dem Gewinnspiel war eine Reise von Meyers Weltreisen der Hauptgewinn.

Welche Ziele haben sie bei dieser Kooperation verfolgt?

Wir wollten unseren Kunden einen Zusatznutzen bieten und letztendlich den Verkauf steigern. Eine solche Promotion kann aber nur erfolgreich sein, wenn sie mit dem Handel gemeinsame Aktivitäten vereinbaren. Würde man nur etwas auf der Verpackung platzieren, wäre der Nutzen aus unserer Sicht relativ gering. Daher gab es im Handel spezielle Hinweise auf das Gewinnspiel. Nur so ist gewährleistet, dass die Aktion von möglichst vielen Kunden wahrgenommen wird und damit auch den gewünschten Effekt hat.

Mit der *Brigitte*-Diät sind Sie ein langfristiges Co-Branding eingegangen. Von wem ging die Initiative aus?

Die *Brigitte* hat einen Partner gesucht, mit dem sie die Diät auf den Tiefkühlbereich ausweiten kann. Sie sind dann auf uns zugekommen und haben gesagt: „Uns gefallen eure Produkte und das FRoSTA-Reinheitsgebot. Wir würden gern was mit FRoSTA machen." Wir haben uns dann überlegt, ob wir uns das auch vorstellen können und sind zu dem Ergebnis gekommen: „Ja, das passt."

Schildern Sie uns bitte die Motive und Ziele bei Ihrer Kooperation mit der *Brigitte*-Diät.

Die *Brigitte* will durch die Kooperation ihre Diät weiterentwickeln, damit sie noch besser in den Alltag der Leserinnen passt. Heutzutage haben die Menschen, die eine Diät machen, nicht immer die Zeit selber zu kochen. Gleichzeitig wird die Akzeptanz von Tiefkühlfertiggerichten in der Bevölkerung immer größer. Und an diesem Punkt kommen wir ins Spiel: FRoSTA bietet Produkte in sehr guter Qualität, die wirklich einfach zuzubereiten sind. Durch die Zusammenarbeit kann *Brigitte* ihre Diät noch convenienter anbieten.

Für FRoSTA ist das primäre Ziel, das FRoSTA-Reinheitsgebot stärker zu kommunizieren. Das Reinheitsgebot wird in der *Brigitte* durch Berichte erwähnt und die Produkte sind ein Bestandteil der *Brigitte*-Diät. Dadurch wird das Reinheitsgebot einer breiteren Zielgruppe nahe gebracht, die unsere Produkte auf eine andere Art und Weise – nämlich in einer Diät – kennen lernt.

Können Sie uns bitte das gemeinsame Co-Branding-Konzept darstellen?

Wir haben uns zusammengesetzt und überlegt, welche Produkte in die *Brigitte*-Diät passen. Dabei stellten wir fest, dass ein Teil unserer bestehenden Produkte gut passt, aber noch weitere entwickelt werden sollten. Insgesamt sind nun zwölf gemeinsame Produkte auf dem Markt. Diese werden mit beiden Marken gekennzeichnet, das heißt, das *Brigitte*-Logo ist ebenfalls prominent auf der Verpackung. Zudem wurden die Produkte in die *Brigitte*-Diät integriert. Jetzt haben wir auch gemeinsame Print-Anzeigen in der *Brigitte* geschaltet. Dort sind die Produkte abgebildet und wir beschreiben, dass beide Partner für köstliches und gesundes Essen stehen, die Produkte dem Reinheitsgebot folgen, einzigartig sind und in einen ausgewogenen Speiseplan passen. In der Januar-Ausgabe ist FRoSTA sogar mit auf dem Titel abgebildet. Und dann haben wir noch eine kleine Broschüre erstellt, dort wird noch einmal die *Brigitte*-Diät beschrieben, es gibt Bewegungstipps und am Schluss folgt das Thema „Die *Brigitte*-Diät aus der Tiefkühltruhe" – da sind die FRoSTA-Produkte dargestellt, ergänzt um die vollständigen Nährwertangaben und eine kurze Erklärung. Diese Broschüre wurde separat am Point of Sale (PoS) ausgegeben.
Es ist eben wichtig, dass man die Zielgruppen auf verschiedenen Ebenen und an verschiedenen Orten anspricht, um auf das Thema und die gemeinsamen Produkte hinzuweisen.

Wie sind Sie auf die Idee „Abnehmen mit den FRoSTA-Mitarbeitern" gekommen, welche Sie auf Ihrer Homepage integriert haben?

Das liegt ja nahe. Bei unserem FRoSTA-Blog geht es um den direkten Kontakt zu den Verbrauchern. Diesen haben wir nun um den Diät-Blog erweitert. Die *Brigitte* hat das jetzt auch gemacht. Wir wissen, dass die Leute bei Diäten Ansprache und Unterstützung haben möchten, denn jeder hat dieselben Probleme, die Diät durchzuhalten. Ein Blog bietet eine gute Gelegenheit sich darüber ortsunabhängig mit Millionen von Menschen auszutauschen. Das Ganze stärkt natürlich auch die Innovationsanmutung, die Dynamik sowie die Jugendlichkeit und Frische der Marke FRoSTA.

Im Folgenden würden wir mit Ihnen gern den Managementprozess beim Cross-Marketing besprechen. Es gibt eine Reihe von Agenturen, die ihre Dienste anbieten. Wie können Ihrer Meinung nach externe Dienstleister beim Cross-Marketing hilfreich sein?

Es kommt auf die Form des Cross-Marketings an. Bei kurzfristigen Promotions sind Dienstleister sinnvoll, da man dort eine ganze Menge Arbeit abladen kann. Dafür sind sie gute und teure Dienstleister. Man muss sich halt überlegen, ob man selber die Zeit und das Personal zur Verfügung stellt oder ob man stärker mit Agenturen zusammenarbeitet.

Bei einer langfristigen Kooperation können externe Dienstleister nur beim Kontaktaufbau mit den potenziellen Partnern hilfreich sein. Aber auch da kann die Agentur meines Erachtens eher selten erfolgreich sein, da es für sie immer ein Stochern im Nebel sein wird. Bei langfristigen Projekten können sie – wenn überhaupt – nur die Initialzündung auslösen. Danach würde keiner der Partner die Agentur mehr brauchen.

Welche Kriterien sind für Sie bei der Partnerwahl entscheidend?

Aus unserer Sicht müssen die Geschäftsfelder zusammenpassen. Es muss ein Thema geben, welches die Partner verbindet, wie es bei unserer Kooperation mit der *Brigitte*-Diät der Fall ist. Dann müssen die Marken zusammenpassen. Ebenso sollten die Zielgruppen grundsätzliche Gemeinsamkeiten aufweisen. Wichtig ist vor allem, dass beide davon profitieren. Wenn das Cross-Marketing für einen keinen Nutzen hat, kann es nicht funktionieren. Wir gehen nur Kooperationen ein, die auf gegenseitigem Nutzen beruhen.

Wie gehen Sie bei der Überprüfung des Marken- und Zielgruppenfits vor?

Bei der Frage, ob die Markenimages zusammenpassen, ist die Einschätzung der Marketingverantwortlichen entscheidend. Die müssen das Gefühl haben, dass es passt, denn sie kennen die eigene Marke am besten. Hinsichtlich der Zielgruppe schauen wir auf soziodemografische Daten. Bei unserer Kooperation mit der *Brigitte* konnten wir zudem die Daten aus der *Brigitte*-Kommunikationsanalyse heranziehen.

Im ersten Schritt ist also das Bauchgefühl entscheidend und erst dann die Essenz der Marktforschung?

Ja, wir sehen das so. Erst mal das Bauchgefühl und die Fakten ergänzen es dann. So wie im richtigen Leben.

In der Literatur wird häufig die Qualität der persönlichen Beziehungen als zentrales Kriterium herausgehoben. Würden Sie das vor dem Hintergrund Ihrer Erfahrungen genauso sehen?

Es ist meiner Meinung nach ganz wichtig, dass man sich persönlich sympathisch ist. Wenn es sehr förmlich bleibt, sich die Arbeit sehr sachlich und fachlich gestaltet, dann ist es sehr viel anstrengender und aufwendiger, als wenn man auf einer persönlichen Sympathieebene miteinander arbeitet. Unsere Kooperation mit der *Brigitte* ist da ein positives Beispiel. Wir haben den Eindruck, dass die *Brigitte*-MitarbeiterInnen die Zusammenarbeit mit uns im Vergleich zu vielen Großkonzernen als sehr viel lockerer und persönlicher ansehen.

Ist es grundsätzlich von Vorteil, wenn der Partner schon über viele Erfahrungen im Cross-Marketing verfügt oder ist es eher ein Nachteil, da die Gefahr besteht, dass der Partner einen austricksen könnte?

Die Gefahr von einem erfahrenen Partner ausgetrickst zu werden, sehe ich nicht. Es ist hilfreich, wenn der Partner schon Erfahrungen mit Kooperationen hat, weil man den einen oder anderen Stolperstein, der in anderen Kooperationen aufgetaucht ist, umgehen kann. Von den Erfahrungen des Partners kann man nur profitieren.

Sind beim Partner sehr viele Erfahrungen vorhanden, bedeutet das aber auch, dass die Marke in vielen Kooperationen dem Verbraucher nahe gebracht wurde und somit die Einzigartigkeit der Cross-Marketing-Verbindung nicht mehr gegeben ist. Je einzigartiger eine Kooperation ist, desto attraktiver und wirksamer ist sie, denn etwas Besonderes oder gar Einmaliges wird vom Verbraucher stärker wahrgenommen und wirkt intensiver.

Nachdem sich die Partner gefunden hatten, folgte die Konzeptentwicklung und Umsetzung. Wie sah das weitere Vorgehen mit der _Brigitte_ nach dem ersten Kontakt aus?

Nach dem ersten Kontakt haben wir zunächst einen Ideenworkshop abgehalten und uns dabei abteilungsübergreifend kennen gelernt. Diesen Ideenworkshop wiederholen wir in regelmäßigen Abständen, um zu sehen, wo wir heute stehen, wo es noch Ansätze gibt, um die Kooperation mit weiterem Leben zu füllen.

Haben Sie für Ihre Zusammenarbeit mit der _Brigitte_ ein gemeinsames Projektteam gegründet?

Auf beiden Seiten wurde ein Ansprechpartner festgelegt. Bei der _Brigitte_ ist es die stellvertretende Verlagsleiterin, bei uns bin ich das. Wir sind die beiden Pole, das Team, wir stimmen uns immer eng ab und beziehen dann jeweils unsere Kollegen, je nach Thema mit ein.

Welche Aspekte müssen aus Ihrer Sicht zwischen den Cross-Marketing-Partnern in jedem Fall geklärt werden?

Wichtig ist zu klären, wer was zur Kooperation beiträgt. Zudem muss beiden Seiten von Anfang an bewusst sein, welchen Nutzen man selber aus der Kooperation zieht und welchen Nutzen der Partner hat. Wenn einem der Nutzen des Partners klar ist, lernt man viel über die Qualität der Kooperation und deren Dauerhaftigkeit oder Anfälligkeit. Offenheit ist dabei das oberste Gebot.

Wo Sie gerade den Punkt Offenheit angesprochen haben. Sehen Sie hier nicht die Gefahr, dass Daten nach außen gelangen, die dort nicht hinkommen sollten?

Eigentlich nicht. Wie sie das ja schon aus dem FRoSTA-Blog kennen, sind wir sehr offen mit allen Informationen. Wir können über alles reden und wir wollen auch gerne über alles reden. Wir gehen offen, ehrlich und authentisch auf die anderen zu und haben damit die besten Erfahrungen gemacht. Schwarze Schafe gibt es überall, aber bisher sind unsere Partner mit den Informationen vertrauensvoll umgegangen. Unsere Kooperationen basieren auf einem Vertrauensverhältnis, weniger auf Restriktionen und Geheimniskrämerei.

Trotz aller Offenheit und Ehrlichkeit, wie sieht es mit der juristischen Absicherung durch einen Vertrag aus?

Unsere grundsätzliche Philosophie lautet: Bei flüchtigen Kooperationen muss man sich stärker absichern als bei einer langfristigen Zusammenarbeit. Das ist wie in einer guten Ehe. Natürlich kann man einen Ehevertrag abschließen. Aber braucht man den wirklich? Wenn man bei einer Konfrontation nicht in der Lage ist, die Probleme einvernehmlich zu lösen, dann hilft auch ein Vertrag nicht viel weiter – der kann nur bedingt Schadensbegrenzung leisten. Wenn man eine vertrauensvolle und sympathische Atmosphäre schafft, sowie von Anfang an offen und ehrlich miteinander umgeht, dann ist die Wahrscheinlichkeit sehr groß, dass man eventuelle Konflikte einvernehmlich löst und nicht ständig den Juristen braucht. Wichtig ist, mögliche Probleme rechtzeitig anzusprechen. Uns hat einmal etwas nicht gefallen, was der andere gemacht hat, aber dann wurde darüber gesprochen und ein gemeinsamer Weg gefunden, um das Problem zu lösen. Durch offenen und ehrlichen Informationsaustausch kann man das Risiko, am Ende Schiffbruch zu erleiden, sehr stark minimieren. Das ist zumindest unsere Erfahrung. Bei flüchtigen Kooperationen ist das etwas anderes. Solche Zusammenarbeiten sollten möglichst detailliert vertraglich geregelt werden, gerade wenn damit größere finanzielle Verpflichtungen verbunden sind.

Wie sieht das Partnermanagement bei Ihrer Kooperation mit der *Brigitte* aus?

Es ist wichtig, den persönlichen Kontakt zueinander nicht zu verlieren. Das ist im Alltag häufig nicht so einfach, meist werden nur E-Mails hin und her geschickt und das war es dann. Aber man sollte auch den persönlichen Austausch suchen. Daher treffen wir uns regelmäßig, um zu gucken: Läuft alles noch? Wo wollen wir hin? Was können wir dafür die nächsten zwei, drei Jahre gemeinsam machen?

Was ist für Sie eine erfolgreiche Cross-Martketing-Aktivität und wie messen Sie den Erfolg?

Ganz einfach: am Verkauf! Letztendlich dient alles dem Ziel, wirtschaftlichen Erfolg zu haben. Bei unserer Kooperation mit der *Brigitte* geht es darum, ob wir mehr verkaufen oder nicht. Und für die *Brigitte* stellt sich die Frage: „Verkaufen wir mehr Hefte oder nicht?" Wirkt eine Kooperation letztendlich nicht verkaufssteigernd, dann ist sie aus unserer Sicht auch nicht sinnvoll. Eine Ausnahme ist das Anstreben von Imageeffekten. Wir messen die Imageeffekte unserer Kooperationen an Hand des Verbraucher-Feedbacks.

Nutzen Sie dazu auch Ihr Weblog?

Wir nutzen alle Kanäle, auch das Weblog. Neben dem Blog analysieren wir auch die Feedbacks über unsere Telefon-Hotline, Briefe und E-Mails. Es wird bewertet/analysiert, ob die Feedbacks eher positiv oder negativ sind und welche Themen angesprochen werden. Dann messen wir die Anzahl der Klicks auf unserer Homepage und schauen wie viele davon auf die *Brigitte*-Diät gehen.

Bei der *Brigitte* ist das ähnlich, dort heißt es Leserservice. Da hat sich beispielsweise eine Leserin gemeldet und sehr ausführlich berichtet, wie toll sie alles findet. Dieses Feedback wurde dann sogar in einer Ausgabe veröffentlicht. Durch solche Verbraucher-Feedbacks können wir neben der wirtschaftlichen auch eine imagemäßige Erfolgskontrolle durchführen.

Nehmen Sie auch eine detaillierte Auswertung vor, wie zum Beispiel „Cross-Marketing-Maßnahme A führte in Umfang X zum Kauf von Produkt B"?

Um weiter ins Detail zu gehen, müsste man eine aufwendige Marktforschung betreiben. Das kostet viel Geld! Das Geld investieren wir lieber in die Kooperationsaktivitäten und in die Produkte.

Wie häufig nehmen Sie Auswertungen vor?

Die normalen Verkaufszahlen schauen wir uns regelmäßig an. In Bezug auf die Kooperation nehmen wir ein- bis zweimal im Jahr eine Bewertung vor, immer dann wenn wir uns treffen. Wir tauschen uns dann über die Ergebnisse aus und schauen, ob beide von der Kooperation profitiert haben. Bei Zielabweichungen untersuchen wir sehr genau, woran es liegt und versuchen gegenzusteuern.

Kooperationen sind nicht auf die Ewigkeit angelegt. Was sind für Sie Gründe, um eine Kooperation zu beenden?

Das ergibt sich aus der Situation, wenn beispielsweise Verbraucher-Feedbacks kommen, dass die Kooperation langweilig geworden ist. Aber selbst dann muss man die Kooperation nicht beenden, sondern man sollte sich gemeinsam überlegen, warum die Kooperation langweilig geworden ist und wie man sie wieder attraktiver gestalten kann. Auch das ist ähnlich wie in einer Ehe: Eigentlich ist es langfristig angelegt und man schaut, wie weit man kommt. Man kann sich natürlich auch auseinander leben, weil zum Beispiel die Markenausrichtungen verschiedene Wege einschlagen. Bei unserer Kooperation mit der *Brigitte* sehen wir im Augenblick kein Ende, denn es gibt noch viele Felder, auf denen wir gemeinsam neue Potenziale wecken können.

Kurzfristige Promotions hingegen sind ja von vornherein auf einen kurzen Zeitraum angelegt und man prüft anschließend, ob man vielleicht noch einmal zusammen arbeitet oder nicht.

Was sind zusammengefasst für Sie die zentralen Erfolgsfaktoren beim Cross-Marketing?

Der Markenfit, die Formulierung der gemeinsamen Zielstellung, das Interesse beider Seiten sowie der offene und ehrliche Austausch vor, während und nach der Kooperation.

Herr Bartusch, vielen Dank für das sehr offene und informative Gespräch.

Jens Bartusch ist als Produktmanager bei der FRoSTA AG für die Marke FRoSTA zuständig. Die Marke FRoSTA ist Marktführer für Tiefkühlkomplettgerichte in Deutschland. Die FRoSTA AG beschäftigt 1160 Mitarbeiter und erzielte 2005 einen Umsatz von 269 Mio Euro. Als erste und einzige Tiefkühlmarke verzichtet die Marke FRoSTA seit 2003 konsequent auf den Einsatz von Zusatzstoffen, wie Aromen, Geschmacksverstärkern, Stabilisatoren, Emulgatoren, Farbstoffen und Konservierungsstoffen.

Kontakt:

FRoSTA Tiefkühlkost GmbH
Jens Bartusch
Theodorstraße 42 – 90, Haus 4, 22761 Hamburg
Telefon   +49 (0) 40 85 41 40 91
Telefax   +49 (0) 40 85 41 40 99
E-Mail   bartusch@frosta.de

Ingredient-Branding

Ingredient-Branding ist ein Marketing-Fachbegriff, der auch als „Marke in der Marke" beschrieben wird (Ingredient bedeutet auf Deutsch „Bestandteil" oder „Zutat".). Bei dieser Form des Cross-Marketings werden Bestandteile markiert, welche in anderen Produkten zum Einsatz kommen. Ingredient-Branding wird von Teile- oder Komponentenzulieferern eingesetzt, um ihre Produkte von den Wettbewerben zu differenzieren.

Es gibt eine Vielzahl von guten Beispielen, wie das Ingredient-Branding zwischen den Marken Gore-Tex und Adidas oder dem Süßstoffhersteller Nutrasweet und Coca Cola. Das bekannteste Beispiel ist jedoch Intel:

Beispiel Intel inside

Das Unternehmen Intel war Anfang der neunziger Jahre Marktführer im Bereich Mikroprozessoren, jedoch war die Marke Intel den meisten PC-Anwendern vollkommen unbekannt. Mit Advanced Micro Devices (AMD) und Cyrix drängten gleichzeitig neue Wettbewerber mit preisgünstigen Prozessor-Nachbauten, sogenannten „Clones", auf den Markt. Intel sah seine Marktposition massiv gefährdet. Deshalb schuf das Unternehmen 1991 die Marke „intel inside" und begann sowohl eigene Markenwerbung als auch Kooperationswerbung mit PC-Herstellern wie IBM, Compaq und Dell zu betreiben. Die PC-Hersteller erhielten dafür Werbekostenzuschüsse von bis zu 50 Prozent und setzten das „intel inside"-Zeichen nicht nur in der von ihnen geschalteten Werbung ein, sondern druckten es auch auf ihre Verpackungen und brachten entsprechende Aufkleber (Die Abbildung 7 zeigt einen solchen „intel inside"-Aufkleber) auf

den Computergehäusen an. (Vergleiche Kleinaltenkamp 2000, Seite 105 ff).

Vorteile für beide Seiten

Abbildung 7: „Intel inside"-Aufkleber

Anhand dieses Beispiels lassen sich gut die Vorteile für beide Seiten aufzeigen: Die Marke Intel profitierte aufgrund eines Imagetransfers von renommierten Marken wie Compaq, Dell oder IBM. Durch die Verwendung von „intel inside" in den Werbemaßnahmen der PC-Hersteller stieg die Markenbekanntheit von Intel massiv an. Darüber hinaus konnte Intel bei den Kunden seiner Kunden wiederum Präferenzen aufbauen und dadurch Nachfrage für die eigenen Produkte generieren. Es wurde eine Pull-Wirkung im Markt erzeugt.

Für die PC-Hersteller wurde es schwierig die Mikroprozessoren von Intel durch andere Anbieter zu ersetzen. Aber auch für die Endprodukt-Hersteller entstehen durch Ingredient-Branding Vorteile: So konnten die PC-Hersteller in diesem Fall die Aufwendungen für eigene Werbemaßnahmen reduzieren. Beispielsweise hat IBM für seine Kampagne mit „intel inside" 250 Millionen Euro ausgegeben, wovon Intel 100 Millionen Euro übernommen hat. Verfügt die Marke des Vorprodukt-Herstellers über ein starkes Image, so ist für den Hersteller der Endprodukte durch Ingredient-Branding auch ein Imagetransfer zugunsten der eigenen Marke möglich. Zudem bietet sich für den Endprodukt-Hersteller eine kostengünstige Möglichkeit zur Differenzierung von der Konkurrenz. Eine solche Differenzierung ist aber nur bei einer exklusiven Zusammenarbeit mit dem Vorprodukt-Hersteller möglich. In dem hier aufgeführten Fall hat Intel mit allen großen PC-Herstellern zusammengearbeitet, eine Exklusivität war nicht gegeben. Für IBM, Compaq und Dell wurde durch das Ingredient-Branding eine Differenzierung von der Konkurrenz sogar erschwert. Dies führte dazu, dass Compaq im Jahr 1994 die Zusammenarbeit mit Intel auflöste. Nur zwei Jahre später wurde die Kooperation jedoch wieder aufgenommen, da Compaq ohne den Zusatz „intel inside" erhebliche Absatzprobleme bekam. Das Beispiel zeigt die entscheidende Bedeutung der Exklusivität für die Endprodukt-Hersteller.

Ohne neuen Kundennutzen und Imagefit keinen Erfolg

Ingredient-Branding kann nur erfolgreich sein, wenn die Produkteigenschaften des Bestandteils einen Vorteil für den Verbraucher aufweisen, den die Produkte der Konkurrenz nicht bieten können. Kommunikation allein reicht auf Dauer nicht aus.

Gerade für den langfristigen Erfolg ist die Partnerwahl von großer Bedeutung: Die beteiligten Marken sollten einen ausreichenden Imagefit aufweisen. Bei einem zu geringen Imagefit wird die Kooperation aus Sicht der Verbraucher als unpassend angesehen und daher abgelehnt. Ein Beispiel für einen hohen Imagefit ist das Ingredient-Branding von Philips und Thermos.

Beispiel Philips & Thermos

Philips stattet einige seiner Kaffeeautomaten der Serie Essence mit Isolierkannen der Marke Thermos aus. Dadurch soll erreicht werden, dass das im Claim „Sense and simplicity" zum Ausdruck kommende Markenversprechen bedürfnisgerechte, leicht zu handhabende Kaffeemaschine herzustellen, durch die Markenwerte von Thermos angereichert werden. Letztere Marke weist aus Sicht der Konsumenten eine Kompetenz darin auf, Lebensmittel und Getränke heißer, kühler oder frischer zu halten – und das schon seit mehr als 100 Jahren. Der Konsument soll also das gute Gefühl haben, dass der frisch gebrühte Kaffee länger heiß und geschmackvoll bleibt und sich folglich gegen die Konkurrenz entscheiden.

Zentrale Erfolgsvoraussetzung: Gleiche Qualitätsanforderungen

Die Partner beim Ingredient-Branding sollten hinsichtlich ihrer Qualitätsanforderungen kompatibel sein. Um negative Imageeffekte für die Marke des Vorprodukt-Herstellers zu vermeiden, sollte dieser regelmäßig die Qualität der Endprodukte kontrollieren.

Qualitätskontrolle am Beispiel Gore Tex

Die Firma Gore Inc. zertifiziert weltweit die ihre Produkte weiterverarbeitenden Hersteller. Das sogenannte Gore-Product-Supportteam steht dabei hilfreich zur Seite. Durch weitreichende Kontrollen wird die Einhaltung des Qualitätsniveaus sichergestellt. Erfüllt ein Hersteller die Qualitätsanforderungen nicht, wird er nicht mehr beliefert.

Win-Win-Situation realisieren

Ein Vorprodukt-Hersteller ist immer auf die Kooperationsbereitschaft der nachgelagerten Stufe angewiesen. Deshalb ist es unbedingt erforderlich, entsprechende Anreize für die Hersteller der Endprodukte zu bieten und im Rahmen der Kooperation eine gegenseitige Win-Win-Situation zu realisieren. Anreize können dabei unter anderem die schon erwähnte Aufteilung der Werbeaufwendungen oder eine Exklusivität des Ingredient-Branding sein.

Beispiele für gemeinsame Kommunikation

Nachdem sich die Partner auf ein Cross-Marketing in Form des Ingredient-Branding geeinigt haben, heißt es entsprechende kommunikative und produktpolitische Maßnahmen festzulegen: In der Kommunikation kann der Vorprodukt-Hersteller das Endprodukt in der eigenen Kommunikation herausstellen.

Beispiel Bosch & BMW

Bosch hat beispielsweise mit dem Claim geworben: „Der neue BMW 740 d fährt souverän mit Bosch Hochdruck-Diesel-Direkteinspritzung".

Weiter verbreitet ist die Integration des Ingredient-Brand in der Werbung der Endproduktmarke, wie im bereits ausführlich dargestellten Beispiel Intel. Im Bereich der Produktpolitik können die entsprechenden Teile visuell gekennzeichnet werden, zum Beispiel die Rotlackierung von Brembo-Bremsen bei Automobilen. Dieses Vorgehen ist jedoch technisch oft nicht möglich, daher ist das Anbringen von Aufklebern, Anhängern, Etiketten und Ähnlichem an den Endprodukten gängige Praxis. Es seien neben dem „intel-inside"-Aufkleber die An-

hänger von Gore-Tex und Sympatex bei Bekleidung genannt.

Beispiel Gore-Tex

Auf diese Weise hat Gore-Tex im Jahr 1989 ein weltweites Garantieversprechen „Gore-Tex-Guaranteed-to-keep-you-dry" eingeführt. Die Kunden hatten die Möglichkeit, wenn sie mit dem Produkt unzufrieden waren, sich direkt an Gore-Tex zu wenden und sich den Kaufpreis erstatten zu lassen. Der große Vorteil für den Komponentenhersteller Gore-Tex war und ist die direkte Kommunikation mit dem Kunden. Ohne diese Maßnahmen wäre Gore-Tex ein austauschbarer Lieferant von wasserabweisenden Stoffen für die Textilwirtschaft geblieben.

Ingredient-Branding auf einen Blick

Ingredient-Branding ist die Markierung von Bestandteilen, die in anderen Produkten zum Einsatz kommen.

Folgende Ziele können Sie erreichen:

- Imagetransfer, Steigerung des Bekanntheitsgrades und eine Pull-Wirkung im Markt für den Vorprodukthersteller
- Reduzierung der Werbeaufwendungen, Imagetransfer und Differenzierung von der Konkurrenz für den Endprodukthersteller

Darauf sollten Sie achten:

- Die Produkteigenschaften des Ingredients müssen einen klaren Vorteil für die Verbraucher aufweisen.
- Imagefit der Marken
- Ähnliche Qualitätsanforderungen der beiden Marken

Product-Bundling

Beim Product-Bundling werden die Produkte zweier Marken in einer zeitlich begrenzten Aktion gemeinsam zu einem günstigen Preis angeboten.

Beispiel Senseo & Schwartau

Senseo, der Pionier und Marktführer im Segment Kaffeepads und der Marmeladenhersteller Schwartau haben beispielsweise im Frühling 2006 unter dem Slogan „Das cremigste Frühstück des Jahres" Product-Bundling betrieben: Dabei gab es für mehrere Wochen drei Packungen Senseo-Kaffepads und dazu gratis ein Glas des neuen Schwartau-Frühstücksaufstrichs „Extra Samt" zu kaufen (vergleiche Abbildung 8).

Abbildung 8: Product-Bundling „Das cremigste Frühstück des Jahres"

Das können Sie mit Product-Bundling erreichen

Durch Product-Bundling können neue Zielgruppen erreicht werden. Zudem ist bei der Einführung eines neuen Produktes der Zugang zum Verbraucher deutlich leichter, da das neue Produkt zusammen mit einer etablierten Marke angeboten wird.

Product-Bundling stellt immer noch die Ausnahme dar und verursacht daher bei den Konsumenten einen Überraschungseffekt. Dieser Effekt ermöglicht eine Differenzierung von den Konkurrenten, indem die beteiligten Marken als innovativer und kreativer angesehen werden. Auch ein Imagetransfer zwischen den beiden Marken ist möglich. Unabhängig davon sind Product-Bundlings durch ihre zeitliche Limitierung dazu geeignet, Abverkaufszahlen zu steigern.

Nutzenklammer und Imagefit sind die zentralen Erfolgskriterien

Damit diese Ziele erreicht werden können, muss das Product-Bundling aus Sicht der Verbraucher vor allem passend und glaubhaft sein. Entscheidendes Fit-Kriterium stellt hier die Nutzenklammer zwischen den beiden Produkten dar. Im Beispiel von Senseo und Schwartau ergänzten sich beide Produkte optimal und ließen sich unter der Nutzenklammer „Frühstück" gut zusammenfassen. Die beiden Marken sollten darüber hinaus in puncto Image zueinander passen.

Beispiel Holsten & BiFi – Holsten und BiFi ein Beispiel für großen Imagefit

Der große Imagefit gab den Ausschlag für die Kooperation zwischen der Brauerei Holsten und BiFi von Unilever. Unter dem Motto „Holsten Pilsener und BiFi geben einen aus" wurde im Mai und Juni 2002 Product-Bundling betrieben: Im Aktionszeitraum lag jedem Kasten Holsten Pilsener ein Dreierpack BiFi Roll gratis bei. In den Snackregalen des Lebensmitteleinzelhandels (LEH) gab es zu drei BiFi Roll's eine 0,5-Liter-Dose Holsten gratis. Beide Seiten erwarteten sich durch die Kooperation die Ansprache neuer Zielgruppen sowie einen

Imagegewinn. Das Product-Bundling zwischen Holsten und BiFi wurde durch gemeinsame Werbung ergänzt, in der auf das Angebot hingewiesen wurde. (Vergleiche o.V. 2002, Seite 40.)

Ohne gemeinsame Kommunikation keine Wahrnehmung durch die Zielgruppe

Kooperative Kommunikation ist für ein erfolgreiches Product-Bundling unbedingt notwendig, damit die Zielgruppen beider Marken von der Aktion erfahren. Zudem kann in der Kommunikation die Nutzenklammer herausgestellt werden. Schwartau und Senseo verlosten zum Beispiel dreimal ein Genießer-Frühstück in Paris im Wert von 1.000 Euro und betonten dadurch ihre gemeinsame Nutzenklammer (vergleiche Abbildung 9).

Abbildung 9: Gewinnspiel zum Product-Bundling

Couponing

Couponing sind gemeinschaftliche Preismaßnahmen, bei der die Kunden eines Unternehmens von dessen Kooperationspartner Vergünstigungen erhalten.

Beispiel Senseo & Burda Verlag

Im Mai 2006 starteten Senseo und der Burda Verlag eine Couponing-Maßnahme: Wer im Aktionszeitraum drei Packungen Senseo kaufte und die entsprechenden Codes sammelte, erhielt für einen Monat kostenlos eine Zeitschrift von Burda, zum Beispiel TV Spielfilm, Max, Fit for Fun, Playboy, Focus oder Freundin. Die Aktion stand unter dem Motto: „Ob beim Lesen oder beim Kaffee: Erst die Auswahl bringt den Genuss!" Durch das Couponing konnte Senseo seinen Kunden einen zusätzlichen Nutzen bieten und sich damit von den Konkurrenten differenzieren, einen zusätzlichen Kaufanreiz bieten sowie die Kundenbindung verstärken. Burda erreichte neue Zielgruppen und konnte diese eventuell als zukünftige Leser gewinnen.

Product-Bundling auf einen Blick

Beim Product-Bundling werden die Produkte zweier Marken zeitlich begrenzt gemeinsam zu einem günstigen Preis angeboten.

Folgende Ziele können Sie erreichen:

■ Leichterer Zugang zum Verbraucher bei der Einführung neuer Produkte
■ Differenzierung von der Konkurrenz
■ Imagetransfer zwischen den beteiligten Marken
■ Steigerung des Abverkaufs durch zeitliche Limitierung

Darauf sollten Sie achten:

■ Nutzenklammer zwischen beiden Produkten
■ Imagefit zwischen den Marken
■ Kooperative Kommunikation zur Bekanntmachung der Aktion

Nur unter diesen Voraussetzungen ist Couponing erfolgreich

Couponing ist allerdings nur zweckmäßig, wenn die Käufer der einen Marke (im obigen Beispiel Senseo) auch potenzielle Kunden der anderen Marke (im obigen Beispiel eine der Zeitschriften von Burda) sind. Darüber hinaus sollten die beteiligten Marken über einen ausreichenden Imagefit verfügen.

Weitere Couponing-Beispiele

In der Praxis ist Couponing relativ weit verbreitet. Es gibt Beispiele aus den verschiedensten Bereichen: Bei einer Kooperation zwischen Müller Milch und Burger King erhielten die Kunden für sechs Buttermilch-Deckel 66 Cent Rabatt auf jedes Burger-Menu. Unter dem Motto „Mumm genießen – Belohnung bei WMF" konnten die Deckelplättchen von Mumm-Sekt beim Kauf eines Artikels aus dem WMF-Sortiment verrechnet werden. Die Zusammenarbeit zwischen Masterfoods (dazu gehören Marken wie Mars, Bounty oder Twix) und Pizza Hut ist ein weiteres Beispiel für Couponing: Auf jeder Packung bisc & Mars, bisc & Twix, bisc & Bounty sowie bisc & m&m befand sich im Aktionszeitraum unter dem Motto „bisc legt was drauf" ein Gutschein im Wert von 2,50 Euro, der ab einem Gesamtverzehr von 15 Euro bei Pizza Hut eingelöst werden konnte. (Vergleiche Vilmar 2006, Seite 59 f.)

Arcor und Amazon.de – ein Beispiel für Couponing im Internet

Arcor bietet in Kooperation mit Amazon.de allen DSL-Interessenten eine attraktive Zusatzleistung an: Die Kunden erhalten bei Abschluss eines DSL-Vertrages einen 50 Euro-Gutschein für Amazon.

de. Darüber hinaus gelangt der Konsument über einen Link direkt zu Seite von Amazon. Kunden, die beispielsweise noch ein Telefon für ihren DSL-Anschluss benötigen, können dies bei Amazon erwerben und mit dem Gutschein verrechnen. Dieses Komplementärangebot unterstreicht den Fit der Verbindung. Arcor bietet seinen potenziellen Kunden durch den Gutschein einen zusätzlichen Kaufanreiz. Amazon wiederum erreicht durch das Couponing neue, internetbegeisterte Zielgruppen und kann diese eventuell als dauerhafte Kunden gewinnen. (Die Abbildung 10 zeigt das Angebot von Arcor und Amazon.de auf der Homepage von Arcor.de.)

Unterstützung durch gemeinsame Marketing-Maßnahmen

Couponing sollte immer durch weitere Marketing-Maßnahmen unterstützt werden: So setzte zum Beispiel Masterfoods Aktionsplatzierungen (sogenannte Displays) im Handel ein und die Couponing-Aktion wurde durch einen kurzen Werbetrailer publik gemacht. (Vergleiche Vilmar 2006, Seite 59.) Nur durch solche zusätzlichen Aktionen nehmen die Zielgruppen beider Marken das Couponing auch tatsächlich wahr.

Couponing auf einen Blick

Beim Couponing erhalten die Kunden einer Marke A Vergünstigungen von dessen Kooperationspartner Marke B.

Folgende Ziele können Sie erreichen:

- Differenzierung von der Konkurrenz
- Marke A bietet seinen Kunden einen zusätzlichen Kaufanreiz.
- Verbesserung der Kundenbindung für Marke A
- Ansprache neue Zielgruppen für Marke B

Darauf sollten Sie achten:

- Die Käufer der Marke A sollten potenzielle Kunden der Marke B sein.
- Imagefit zwischen den Marken
- Begleitung der Aktion durch weitere Marketing-Maßnahmen

Cross-Selling

Beim Cross-Selling bieten die Partner ihre Leistungen über den Absatzkanal des jeweils anderen Unternehmens an. (Vergleiche Benkenstein/Beyer 2003, Seite 720.) Durch die Distribution über den Kooperationspartner können neue Zielgruppen erreicht werden. Darüber hinaus wird das eigene Angebot durch die Aufnahme der Partnerleistungen erweitert und damit ein zusätzlicher Kundennutzen geschaffen.

Ohne Nutzenklammer kein Erfolg

Cross-Selling kann nur erfolgreich sein, wenn beide Unternehmen aus Sicht der Konsumenten eine ausreichende Vertriebskompetenz für die Leistungen des jeweiligen Partners aufweisen. Entscheidendes Kriterium für die gegenseitige Vertriebskompetenz

Abbildung 10:
Couponing von Arcor und Amazon.de

ist auch hier die Nutzenklammer zwischen den überkreuz angebotenen Leistungen

Beispiel Hilton & Sixt

Das Cross-Selling zwischen Sixt (Autovermietung) und der Hotelkette Hilton ist ein Beispiel für eine hohe gegenseitige Vertriebskompetenz, denn die Leistungen beider Unternehmen lassen sich gut unter der Nutzenklammer „komfortables Reisen" zusammenfassen. Seit 1998 treten Sixt und Hilton in Europa gemeinsam als „Travel Partners" auf. Die Hilton Gäste können ihren Sixt-Mietwagen direkt in den Hotels buchen. Im Gegenzug ist die Reservierung von Hotelzimmern in den Sixt-Autovermietungen möglich. Zusätzlich bieten die „Travel Partners" besondere Angebote für die Reisenden: Hilton offeriert den Sixt-Kun-

den unter anderem kostenfreie Upgrades auf die Executive- und Business-Floors, Ermäßigungen auf Serviceleistungen (zum Beispiel Faxen oder Kopieren) sowie vergünstigte Dinners in den Hotelrestaurants. Umgekehrt bietet Sixt den Hilton-Gästen Sondertarife für Leihwagen. (Vergleiche Bolten 2000, Seite 158.)

Beispiel Douglas & Hussel

Ein Beispiel für eine gelungene Umsetzung von Online-Cross-Selling ist das der Douglas Holding AG, zu der unter anderem die Marken Douglas (Parfümerie), Thalia (Bücher), Christ (Schmuck) und Hussel (Süßwaren) gehören. Im Onlineshop der Parfümeriekette Douglas können die Kunden neben Düften auch aus dem Süßwarenangebot von Hussel auswählen (vergleiche Abbildung

Abbildung 11: Douglas-Online-shop mit einer Produktauswahl von Hussel.

11). Zudem gelangen die Kunden nach Abschluss des Kaufvorgangs auf eine Seite, wo Banner von weiteren Marken des Unternehmens zur Fortsetzung des Online-Einkaufs einladen. Als gemeinsame Klammer fungiert der Anspruch beider Unternehmen „den Kunden das Leben schöner zu gestalten". Auf diese Weise versucht Douglas Kundengruppen, die eine ähnliche Einstellung zum lifestyleorientierten Konsum zeigen, anzusprechen und zu mehr Umsatz innerhalb der Douglas-Gruppe zu bewegen.

Kommunikative Begleitung ist auch beim Cross-Selling notwendig

Damit die Verbraucher von den neuen Vertriebskanälen erfahren, sollte Cross-Selling immer kommunikativ unterstützt werden. Hilton und Sixt haben ihre Travel-Partnerschaft beispielsweise durch einen gemeinsamen Werbeauftritt mit dem Slogan „Everywhere you want to go, take Sixt, everywhere you want to be, stay at Hilton" kommuniziert.

Cross-Selling auf einen Blick

Beim Cross-Selling bieten die Kooperationspartner ihre Produkte über den Absatzkanal des jeweils anderen Unternehmens an.

Folgende Ziele können Sie erreichen:
- Ansprache neuer Zielgruppen
- Den eigenen Kunden wird ein zusätzlicher Nutzen geboten.

Darauf sollten Sie achten:
- Nutzenklammer zwischen den überkreuz angebotenen Produkten
- Imagefit zwischen den Marken
- Gemeinsame Kommunikation zur Bekanntmachung

Verkaufs- und Vertriebspartnerschaft

Viele Hersteller suchen nach innovativen Absatzkanälen jenseits der ausgetretenen Pfade, um neue Zielgruppen zu erreichen. Ein Weg sind ungewöhnliche Verkaufs- und Vertriebspartnerschaften. Der Verkauf von preisgünstigen Bahntickets beim Discounter Lidl und bei Tchibo sind prominente Beispiele für eine solche Kooperation:

Beispiele Die Bahn & Lidl sowie Die Bahn & Tchibo

Im Mai 2005 wurden in den rund 2600 Lidl-Filialen insgesamt 500.000 Fahrkartenhefte mit je zwei Bahntickets zu einem Preis von 49,90 Euro angeboten. Die Tickets galten für eine beliebig weite Bahnreise 2. Klasse innerhalb Deutschlands. Mit dieser Aktion wollte Die Bahn zeigen, wie attraktiv das Reisen mit dem Zug ist und so neue Kunden gewinnen, für die Bahnfahren bisher nicht in Frage kam. Um diese Zielgruppe besser zu erreichen, wurden die Tickets deshalb bewusst außerhalb der Bahnhöfe angeboten. Die Bahn wollte sich zudem als innovatives und preisgünstiges Unternehmen profilieren. Aufgrund des großen Erfolges ging Die Bahn mit Tchibo eine weitere Vertriebspartnerschaft ein: In den Tchibo-Filialen wurden im Dezember 2006 eine Million Tickets für zwei beliebige Fahrten innerhalb Deutschlands zum Preis von 58 Euro angeboten. Bereits nach wenigen Stunden war ein Viertel der Tickets verkauft. Aber nicht nur Die Bahn konnte von dieser Form des Cross-Marketing profitieren, sondern auch die Vertriebspartner: So konnte Lidl sein Image als Anbieter von superbilliger Markenware aufwerten und Tchibo sein Image als Anbieter von günstiger Qualitätsware.

Abbildung 12:
Werbung der Bahn und Tchibo für gemeinsame Verkaufsaktion

Große Medienwirkung bei spektakulären Partnerschaften

Solche oft spektakulären Partnerschaften haben eine große Medienwirkung. Die Bahn und Lidl schafften es sogar bis in die Tagesschau. Ein ähnlicher Effekt wäre durch Werbung nur mit erheblichen Kosten zu erreichen gewesen. Ist die Aktion zudem zeitlich und mengenmäßig limitiert, schürt sie bei den Verbrauchern das „Jagdfieber". Die Kehrseite ist, dass diese begrenzten Schnäppchenaktionen die Konsumenten auch verärgern, wenn nicht alle Interessierten „zum Zug kommen".

Der Imagefit ist die zentrale Erfolgsvoraussetzung

Auch bei dieser Form des Cross-Marketings sollten die Markenimages der Partner kompatibel sein. Passen die Marken nicht zusammen, kann die Wertigkeit der betroffenen Marken leiden.

Negativbeispiel Nokia Handys bei Penny

Nokia-Handys wurden beim Discounter Penny verkauft: Wer ein Nokia-Gerät erwarb, bekam von Penny einen Einkaufsgutschein im Wert von 100 Euro. Es ist offensichtlich, dass die Marken Nokia und Penny nicht zusammen passen. Vor allem Nokia riskierte eine Beschädigung des eigenen Markenimages.

Positivbeispiel BILD bei McDonalds

Die Vertriebspartnerschaft zwischen McDonalds und der BILD-Zeitung ist hingegen ein Beispiel für einen guten Markenfit, denn beide Marken stehen für „schnellen Genuss, polarisieren, servieren gern heiß und fettig" (Wieking 2004, Seite. 38). Seit Mai 2004 werden in den 1244 deutschen McDonalds-Restaurants flächendeckend die BILD-Zeitung und BILD am SONNTAG (BamS) vertrieben. Von der Kooperation wollen beide profitieren: McDonalds wertet mit BILD (Auflage vier Millionen; täglich über zwölf Millionen Leser) sein Frühstücksangebot weiter auf und bietet seinen Kunden einen Zusatznutzen. Auf der Gegenseite erschließt sich BILD einen ganz neuen Vertriebskanal und damit auch eine neue Zielgruppe.

Größerer Erfolg durch gemeinsame Kommunikation

Passen, wie bei McDonalds und *BILD*, die Marken gut zusammen, können neben der Verkaufs- und Vertriebspartnerschaft auch gemeinsame Werbemaßnahmen erfolgen.

So wurde die gemeinsame Verkaufsaktion von Die Bahn und Tchibo durch eine Anzeige im Tchibo-Onlineshop beworben (vergleiche Abbildung 12).

Verkaufs- und Vertriebspartnerschaft auf einen Blick

Bei einer Verkaufs- und Vertriebspartnerschaft werden die eigenen Produkte über innovative Absatzkanäle vertrieben.

Folgende Ziele können Sie erreichen:
- Ansprache neuer Zielgruppen
- Positive Imageeffekte
- Der Vertriebspartner bietet seinen Kunden einen Zusatznutzen

Darauf sollten Sie achten:
- Imagefit zwischen den Marken
- Kommunikative Begleitung der Aktion durch beide Partner

Cross-Promotion

Nach einer Umfrage der VILMAR Markenberatung (n = 342) ist Cross-Promotion mit 39 Prozent die am häufigsten eingesetzte Form des Cross-Marketings. (Vergleiche Vilmar 2006, Seite 61.) „Cross-Promotion sind öffentlichkeitswirksame Aktionen aller Art, die mindestens zwei Marken gemeinsam durchführen." (Wieczorek/ Lachmann 2005, Seite 38.) Der Begriff umfasst zahlreiche, sehr unterschiedliche Maßnahmen, wie unter anderem Gewinnspiele, Sampling-Aktionen, Events, Road-Shows und Messeauftritte; vor allem Gewinnspiele sind weit verbreitet.

Beispiel McDonalds Merry Monopoly-Gewinnspiel

In den Weihnachtszeiten der letzten Jahre konnten McDonalds-Gäste in Deutschland, Österreich und Luxemburg an diesem Gewinnspiel teilnehmen. Zu Weihnachten 2006 gab es unter anderem vier Häuser von Town & Country Haus, siebenmal 100.000 Euro von VISA und jeweils fünf Porsche Cayenne, Cayman und Boxster zu gewinnen. Weitere Preise stellten zum Beispiel AIDA, Piaggio oder der DFB zur Verfügung. Bei Gewinnspielen werden die Preise in der Regel unentgeltlich von den Kooperationspartnern gestellt. In diesem Beispiel konnte McDonalds durch Cross-Promotion eine Vielzahl attraktiver Preise verlosen. Als Gegenleistung wurden die Partnermarken sowohl in den Restaurants als auch im Internet (siehe Abbildung 13 auf Seite 46) massiv beworben.

Beispiel Wiesenhof & Homann

In der zurückliegenden Weihnachtszeit traten die auf die Verarbeitung von Geflügelfleisch spezialisierte Marke Wiesenhof mit dem Feinkostsalather-

Abbildung 13:
"McDonalds Merry Monopoly"-
Werbung auf der Startseite
der McDonalds-Homepage im
Dezember 2006.

Abbildung 14:
"Das Beste zum Fest"-Werbung
für das Gewinnspiel von Wiesenhof und Homann.

steller Homann gemeinsam unter dem Motto „Das Beste zum Fest" an und warben für ein tägliches Gewinnspiel auf Würstchen und Kartoffelsalatverpackungen. Da Kartoffelsalat und Würstchen ein weit verbreitetes Gericht am Heiligabend sind, sollte vor allem der Verkauf beider Produkte erhöht werden. Zu gewinnen gab es im Übrigen drei Schneemänner aus Stoff, die einen blauen Schal mit den Logos beider Marken um den Hals gebunden hatten.

Das können Sie mit Cross-Promotion erreichen

Mit den verschiedenen Cross-Promotion-Formen können die unterschiedlichsten Ziele erreicht werden: Kostenreduzierung (zum Beispiel bei Gewinnspielen), eine Unique Advertising Proposition, die Ansprache neuer Zielgruppen oder ein Imagetransfer von der Marke des Partners auf die eigene. Um diese Ziele zu erreichen, sollten zwischen den Partnermarken ein Imagefit und eine ausreichende Zielgruppenkongruenz vorhanden sein.

Passende Kooperation zwischen Porsche und der Fairmont-Hotelkette

2002 suchte Porsche für seinen neuen Großraumwagen Cayenne Zugang zu vermögenden Kundengruppen in Nordamerika. Als Cross-Promotion-Partner wurde die in den USA und Kanada etablierte Premium-Hotelkette Fairmont (dazu gehören Hotels wie das New York Plaza oder das Knob Hill San Francisco) ausgewählt. Deren Kunden entsprachen genau der von Porsche avisierten Zielgruppe („Auch die junge, zahlungskräftige Familie mit vier Kindern ist künftige Porsche-Zielgruppe." o.V. 2003, Seite 18). Zudem zeigte die Marktforschung, dass bei Fairmont ein Großteil der Kunden im Geländewagen vorfährt, also genau die Menschen, die bald Cayenne fahren sollen. Ein ausreichender Imagefit war ebenfalls gegeben, denn beide Marken stehen für höchste Qualität und luxuriöses Reisen. Fairmont erwartete durch die Kooperation einen Imagetransfer von der Marke Porsche auf die eigene Marke sowie die Ansprache neuer, gut betuchter Kunden.

Intern wurden diskret Kundendaten ausgetauscht, nach außen wurde die Kooperation durch verschiedene Maßnahmen dokumentiert: Hotelgäste wurden im Cayenne zum Flughafen gebracht, in den Lobbies der Fairmont-Hotels gab es Vitrinen mit allerlei Porsche-Accessoires, zudem machte Porsche seine Kunden auf die Hotels des Partners aufmerksam. Zu Beginn der Kooperation wurde eine viertägige Sternfahrt mit Fahrzeugen von Porsche durch Kalifornien veranstaltet („Tour de Fairmont"). Übernachtet wurde in Fairmont-Hotels von San Francisco bis Sonoma. Die Teilnahme an der Rallye kostete 8.000 Dollar: Bei diesem Marketing zahlte der Kunde sogar dafür,

dass er umworben wurde. (Vergleiche o.V. 2003, Seite 18.)

Cross-Promotion auf einen Blick

Cross-Promotion sind öffentlichkeitswirksame Aktionen aller Art, die mindestens zwei Marken gemeinsam durchführen.

Folgende Ziele können Sie erreichen:
- Kostenreduzierung
- Unique Advertising Proposition (UAP)
- Ansprache neuer Zielgruppen
- Imagetransfer zwischen den Marken

Darauf sollten Sie achten:
- Imagefit zwischen den Marken
- Zielgruppenkongruenz

Cross-Advertising

Unter Cross-Advertising wird die gemeinsame Werbung von mindestens zwei Marken verstanden, wobei für den Rezipienten die Marken einzeln wahrnehmbar sind.

Beispiel DIE WELT & Smart

DIE WELT und Smart haben gemeinsame Anzeigen geschaltet, in der die Produkte durch den Slogan „Die Welt gehört denen, die neu Denken" verbunden wurden. (Vergleiche Wieczorek/Lachmann 2005, Seite 35.)

UAP ist das häufigste Ziel bei Cross-Advertising

Durch Cross-Advertising ist ein Imagetransfer zwischen den Marken möglich, auch die Werbeaufwendungen lassen sich durch die Aufteilung der Kosten reduzieren. Meist wird durch Cross-Advertising jedoch eine UAP angestrebt, denn die gemeinsame Werbung von zwei Marken stellt immer noch die absolute Ausnahme dar und bietet zudem Möglichkeiten für kreative Ideen.

Warsteiner & Zewa als Beispiel für eine kreative Umsetzung

In zwei kurzen, direkt aufeinander folgenden TV-Spots stieß zunächst das Warsteiner-Glas vermeintlich mit dem Bildschirm an und hinterließ von innen einen Schaumfleck, der langsam die Mattscheibe herunterlief. Im zweiten Spot erschien ein Mann, der mit einem Zewa Wisch & Weg-Tuch den Bildschirm von innen wieder säuberte. Mit dieser innovativen Werbung konnten beide Marken die Verbraucher positiv überraschen und sich so kommunikativ von ihren Konkurrenten abheben.

Cross-Advertising in Verbindung mit weiteren Maßnahmen am Beispiel Opel und Nescafé

Auch Cross-Advertising lässt sich sinnvoll durch weitere kooperative Marketing-Maßnahmen ergänzen: So konnte Opel zur Markteinführung seines Sondermodells „Cappuccino" Nescafé für eine Kooperation gewinnen. Hierzu wurde der fast schon legendäre Nescafé-TV-Spot mit dem Testimonial Angelo („Isch 'abe gar kein Auto.") für den gemeinsamen Spot modifiziert: „Isch 'abe jetzt ein Auto." Opel und Nescafé beließen es jedoch nicht bei der kooperativen Werbung, sondern platzierten das neue Opel-Modell im Lebensmitteleinzelhandel (LEH) und führten Nescafé-Verkostungen in Autohäusern von Opel durch. (Vergleiche Vilmar, 2006, Seite 60.) Durch solche zusätzlichen kooperativen Aktionen wird der positive Effekt des Cross-Advertisings weiter verstärkt.

Cross-Advertising auf einen Blick

Cross-Advertising ist die gemeinsame Werbung von mindestens zwei Marken, dabei sind die Marken für die Rezipienten einzeln wahrnehmbar.

Folgende Ziele können Sie erreichen:
- Unique Advertising Proposition (UAP)
- Kostenreduzierung
- Imagetransfer zwischen den Marken

Darauf sollten Sie achten:
- Den Verbraucher mit kreativen Ideen überraschen.

Cross-Referencing

Testimonials in der Werbung sind in der Regel prominente Persönlichkeiten, die in Kommunikation genutzt werden, eine Marke zu empfehlen oder für die Qualität der Produkte zu bürgen. Boris Becker für Nutella oder Manfred Krug für die T-Aktie sind Beispiele für den Einsatz prominenter Testimonials. Ebenso können auch (bekannte) Marken als Testimonials fungieren. In solchen Fällen wird von Cross-Referencing gesprochen. Die Empfehlung durch eine andere Marke kann in der Werbung, auf der Verpackung, direkt auf den Produkten oder in gemeinsamen Aktionen (wie zum Beispiel Events, Messeauftritte oder Road-Shows) geschehen. So hat beispielsweise Braun in seiner Werbung für Bügeleisen das Waschmittel Ariel empfohlen.

Erfolgsvoraussetzung:
Die Kompetenz der empfehlenden Marke

Die Kompetenz der empfehlenden Marke ist für die Glaubwürdigkeit des Cross-Referencing von entscheidender Bedeutung. In dem oben erwähnten Beispiel ist Braun als renommierter Hersteller von

Bügeleisen kompetent im Bereich Waschmittel. Auch die Images der beiden Marken sollten zueinander passen, denn ansonsten sieht der Verbraucher die Verbindung als unpassend an und hält damit auch die Empfehlung für unglaubwürdig.

Erfolgsvoraussetzung 2: Ohne Branchenexklusivität keine Differenzierung

Siemens hat beispielsweise in den letzten Jahren die verschiedensten Geschirrspülmittel empfohlen. In einem solchen Fall ist die Branchenexklusivität nicht gegeben. Damit ist der Effekt für die empfohlenen Geschirrspülmittel-Marken sehr gering, denn sie können sich durch das Cross-Referencing nicht differenzieren.

Beispiel Robinson & Speedo

Im Optimalfall können sich die Cross-Referencing-Partner gegenseitig empfehlen. Dies ist beispielsweise in der Kooperation zwischen Speedo (laut eigener Aussage weltweit führende Marke rund ums Wasser) und dem Reiseanbieter Robinson der Fall: Robinson lobt in seinem Katalog den Partner als renommierte Marke, die stets hochwertiges und modernes Equipment auf höchstem Niveau garantiert. So hieß es im Winterkatalog 2003/2004 zum Beispiel: „Speedo Watershorts sind perfekt geeignet für jede Menge Spaß am Strand, egal ob im Sand oder Wasser. Sie sind extrem leicht und schnell trocknend und machen jede Bewegung mit. Ideal für den ambitionierten Freizeitsportler." *(Robinson Katalog Winter 2003/2004, Seite 158) Im Gegenzug empfahl Speedo auf seiner Internetseite den Reiseveranstalter Robinson. (Vergleiche Wieczorek/Lachmann 2005, Seite 36 f.)*

Win-Win-Situation auch bei einseitigen Empfehlungen

Solche gegenseitigen Empfehlungen sind jedoch nicht immer möglich oder erwünscht. Beim zu Beginn erwähnten Cross-Referencing-Beispiel gab es nur eine einseitige Empfehlung von Braun für Ariel. Dafür beteiligte sich Ariel an den Werbeaufwendungen der Marke Braun. Durch die Reduzierung der Kosten kann so auch die empfehlende Marke profitieren.

Beispiel Calgonit Quantum

Die auf die Herstellung von Haushaltsreinigern spezialisierte Reckitt Benckise-Gruppe setzt für ihre Marke Calgonit bewusst auf die Empfehlung führender Hersteller von Geschirrspülmaschinen. Die aus Sicht der Konsumenten hohe Kompetenz der Hersteller Siemens, Bosch, Neff, AEG, Electrolux, Zanussi, Bauknecht und Whirlpool wird dazu genutzt, die Positionierung der Marke Calgonit als Innovator und verlässlicher Partner zu untermauern und die Produktneueinführung von Calgonit Quantum zu unterstützen.

Cross-Referencing auf einen Blick

Beim Cross-Referencing wird ein Produkt von einer anderen Marke empfohlen.

Folgende Ziele können Sie erreichen:
- Testimonial-Effekt für die empfohlene Marke
- Kostenreduzierung bei einseitigem Referencing für die empfehlende Marke

Darauf sollten Sie achten:
- Hohe Kompetenz der empfehlenden Marke
- Imagefit zwischen den Marken
- Branchenexklusivität für die empfohlene Marke

Cross-Sponsoring

Das Sponsoring wird in vier Erscheinungsformen unterteilt: Kunst-, Sozio-, Öko-, und Sportsponsoring. Kunstsponsoring erstreckt sich auf sämtliche Kunstarten, von der bildenden Kunst (Die Hamburger Gaswerke sponserten beispielsweise die Ausstellung „Meisterwerke aus dem Guggenheim Museum"), über Filmkunst (Die „Internationalen Filmfestspiele Berlin" und das „Filmfest in Oberhausen" werden zum Beispiel von Pro Sieben gesponsert.), bis hin zur Popmusik. Ein bekanntes Beispiel ist das Sponsoring von Rockbands wie Genesis, Pink Floyd oder die Rolling Stones durch Volkswagen. Werden nicht kommerzielle Organisationen wie Wohlfahrtsverbände, Krankenhäuser, religiöse oder politische Einrichtungen gesponsert, handelt es sich um Soziosponsoring; beispielsweise sponserte die DEVK das „Weltkindertag-Fest" von Unicef. Beim Ökosponsoring werden Institutionen unterstützt, die sich mit ökologischen Problemen beschäftigen. Bekanntestes Beispiel ist das „Krombacher-WWF Regenenwaldprojekt", bei dem für jeden verkauften Kasten Krombacher-Bier ein Quadratmeter Regenwald 100 Jahre lang nachhaltig geschützt werden soll. Neben dem Kunstsponsoring ist Sportsponsoring am weitesten verbreitet. Im Bereich des Sports werden Sportverbände (zum Beispiel der DFB durch Adidas), Mannschaften beziehungsweise Teams (beispielsweise Hertha BSC Berlin durch Die Bahn), Sportveranstaltungen (zum Beispiel der „Berlin-Marathon" von real), oder Einzelsportler (beispielsweise Martin Schmitt durch Milka) gesponsert.

Sponsoring basiert auf Leistung und Gegenleistung

Das zentrale Prinzip bei allen Sponsoringformen beruht auf Leistung und Gegenleistung. Der Gesponserte erhält vom Sponsor Geld, Sachmittel oder Dienstleistungen, dafür darf der Sponsor den Gesponserten kommunikativ nutzen. Beim Sponsoring gibt es eine Vielzahl kommunikativer Nutzungsmöglichkeiten: Bekleidung, Banden, die Bühne, die Sportfläche, Ankündigungsplakate u.v.m. können mit der Marke des Sponsors versehen werden. Zudem kann der Gesponserte in die Werbung eingebunden oder auf dem Produkt, beispielsweise durch Prädikate wie „Offizieller Sponsor der Deutschen Fußballnationalmannschaft", erwähnt werden. Ein besonderes Nutzungsrecht ist das Titelsponsoring. Dabei wird zum Beispiel das Team, die Veranstaltung oder die Sportstätte nach dem Sponsor benannt. In Deutschland ist die Benennung von Fußballstadien nach einem Sponsor weit verbreitet, von der AOL Arena in Hamburg über die Allianz Arena in München bis hin zum Playmobil-Stadion in Fürth.

Die Ziele beim Sponsoring

Durch Sponsoring kann die Verbesserung der Mitarbeitermotivation, die Steigerung des Bekanntheitsgrades der eigenen Marke und ein Imagetransfer vom Gesponserten auf die Marke des Sponsors angestrebt werden. Die Mitarbeitermotivation wird vor allem durch Einladungen zu den gesponserten Ereignissen erreicht. Bekanntheits- und Imageeffekte sind nur durch einen prägnanten kommunikativen Sponsoringauftritt, bei dem die anderen Sponsoren dominiert werden, zu realisieren. Ein solch prägnanter Auftritt ist meist nur als Hauptsponsor möglich, denn Hauptsponsoren erhalten exklusive kommunikative Nutzungsrechte (zum Beispiel die Möglichkeit als Titelsponsor aufzutreten).

Vor allem im Bereich Sport und Popmusik kostet ein Engagement als Hauptsponsor jedoch erhebliche Summen: Die Telekom zahlt beispielsweise als Hauptsponsor an den FC Bayern München jährlich 20 Millionen Euro und Michael Ballack erhält von seinem Hauptsponsor McDonalds jährlich 2,5 Millionen Euro.

Reduzierung der Kosten durch Cross-Sponsoring

Eine Möglichkeit die Kosten zu reduzieren besteht darin, gemeinsam mit einem weiteren Unternehmen als Hauptsponsor aufzutreten und sich die Sponsoring-Aufwendungen zu teilen. Dieses Vorgehen wird als Cross-Sponsoring bezeichnet. Beim Cross-Sponsoring werden die Sponsoringaktivitäten gemeinsam geplant und durchgeführt. (Vergleiche zur Planung und Durchführung von Sponsoringmaßnahmen ausführlich Bruhn 2003; Hermanns 1997, im Bereich Sportsponsoring Drees 1992.) Für zwei zufällig vom Gesponserten engagierte Sponsoren besteht kein Cross-Marketing-Verhältnis.

Beispiel Deutsche Bank-SAP-Open
In der Praxis ist Cross-Sponsoring kaum verbreitet. Ein Beispiel für Cross-Sponsoring sind die Deutsche Bank-SAP-Open im Golfsport. Zwischen 1999 und 2004 traten beide Unternehmen gemeinsam als Titelsponsor des internationalen Golfturniers auf, welches wechselweise in St. Leon-Rot und in Gut Kaden stattfand. Die Abbildung 15 zeigt den gemeinsamen kommunikativen

Auftritt beider Marken beim Turnier in St. Leon-Rot.

Abbildung 15: Cross-Sponsoring der Deutschen Bank und SAP beim Golfturnier in St. Leon-Rot.

Die Erfolgsvoraussetzungen beim Cross-Sponsoring
Beim Cross-Sponsoring ist auch ein Imagetransfer zwischen den Sponsoren möglich, ein positiver Nebeneffekt. Allerdings muss beim Cross-Sponsoring ein Partnerunternehmen gefunden werden, dessen Marke hinsichtlich Imagefit und Zielgruppenkongruenz zur eigenen Marke passt. Im Anschluss daran ist ein Gesponserter auszuwählen, der für beide Marken geeignet ist; dies kann die Auswahl eines Gesponserten deutlich erschweren. Zudem müssen Umsetzungsmöglichkeiten (zum Beispiel die konkrete Ausgestaltung der kommunikativen Nutzung) erarbeitet werden, die für beide Marken sinnvoll sind.

Der Planungsaufwand ist daher beim Cross-Sponsoring deutlich größer als beim alleinigen Sponsoring. Es gilt also immer zu überprüfen, ob die möglichen Kosteneinsparungen den erhöhten Planungsaufwand beim Cross-Sponsoring rechtfertigen.

Cross-Sponsoring auf einen Blick

Cross-Sponsoring ist die gemeinsame Planung und Durchführung von Sponsoringaktivitäten.

Folgende Ziele können Sie erreichen:

- Allgemeine Sponsoringziele: Mitarbeitermotivation, Steigerung des Bekanntheitsgrades oder ein Imagetransfer vom Gesponserten auf die Marke des Sponsors
- Durch Cross-Sponsoring: Kostenreduzierung und ein Imagetransfer zwischen den Co-Sponsoren

Darauf sollten Sie achten:

- Imagefit und Zielgruppenkongruenz zwischen den Cross-Sponsoren
- Der Gesponserte und die Umsetzung des Sponsorings müssen zu beiden Marken passen.

Was Sie für eine erfolgreiche Kampagne brauchen sind weniger Geld als die Kreativität und das Know-how Ihrer Mitarbeiter. Nehmen Sie sich die Zeit für ein Brainstorming und überlegen Sie was für Ihre Marke in Frage kommen könnte. Wie Sie dabei am besten, weil strukturiertesten vorgehen, was zu beachten ist und wo Sie sich gegebenenfalls externe Hilfe mit ins Boot holen sollten erfahren Sie im folgenden Kapitel.

Zusammenfassung

Nun haben Sie einen Überblick über eine Vielzahl von Möglichkeiten gewonnen, wie Sie Ihr Unternehmen, Ihre Marke oder Ihr Produkt mit einem überschaubaren Marketingbudget durch Cross-Marketing-Maßnahmen voranbringen und gleichzeitig Ihr eigenes Risiko minimieren können. Eine entscheidende Rolle kommt fast immer dem Markenfit zu, ohne den eine Cross-Marketing-Maßnahme von Anfang an zum Scheitern verurteilt ist. Entscheidend ist dabei immer die Sicht Ihrer Kunden. Auch zeichnet sich eine gelungene Maßnahme immer durch das Zusammenspiel mehrerer Marketing-Mix-Faktoren aus, die allesamt auf das Cross-Marketing-Ziel der Maßnahme einzahlen. Sei es die Gewinnung neuer Kunden, die Erzielung eines höheren Abverkaufs oder die Aufladung des Markenimages.

Im Gespräch mit Cross-Marketing Berater Heinz-Jürgen Pick

Herr Pick, beschreiben Sie uns bitte die Schwerpunkte Ihrer Agentur.

Schwerpunkte unserer 1999 von Thomas Nachtigahl und mir gegründeten Agentur sind Verkaufsförderung sowie PoS- und Cross-Marketing. Zudem sind wir eine klassische Full-Service-Werbeagentur, die bis auf TV das Spektrum der Werbung in diesen Themenfeldern nachweislich erfolgreich und kompetent mit aktuell 15 Mitarbeitern abdeckt.

Wie würden Sie Ihre Rolle in der Agentur beschreiben?

Als geschäftsführender Gesellschafter bin ich neben Key Account-Aufgaben maßgeblich für die Bereiche Akquisition, Marken-Networking (oder auch Cross-Marketing) und unser Controlling verantwortlich. Marken-Networking bedeutet, konkrete Kundeninteressen mit anderen zu vernetzen. Da ich seit 1992 mit führenden sowie mittelständischen Markenartiklern zusammen arbeite, konnte ich mir einen breiten Erfahrungshorizont im Kooperationsmarketing zulegen. Und das ist die Basis, um heute taufrisch an die Verbindung von Marken heranzugehen.

Für den Begriff Cross-Marketing gibt es viele Definitionen. Wie definieren Sie den Begriff?

Cross-Marketing ist die Zusammenarbeit von mehreren Markenartiklern, um im Markt unterschiedliche Ziele zu erreichen. Wir gliedern diese Kooperation in zwei Bereiche: 1. In den Bereich der schnellen, einfachen Promotion, die von zwei oder mehreren Marken gemeinsam realisiert werden. Und 2. in den Bereich der strategischen Kooperation mit komplexen Zielen. Die einfachste Kooperation ist die ergänzende Präsentation, wenn zum Beispiel ein Nudelhersteller für seine Promotion beziehungsweise Verkostung Töpfe sucht. Bei komplexen, strategischen Kooperationen wird eine Vielzahl von Marketing-Maßnahmen kombiniert. Ziel ist letztlich aus Sicht jeder einzelnen Marke die Optimierung des eigenen Auftritts und die Erhöhung des Abverkaufs.

Hat aus Ihrer Sicht die Bedeutung von Cross-Marketing in den letzten Jahren zugenommen?

Im gesamten Handelsmarketing „crosselt" es an allen Ecken und Enden. Das hat meiner Meinung nach etwas mit sinkenden Budgets zu tun. Die Marketingverantwortlichen sagen dann: „Mir fehlt das Geld – wie kann ich unsere Kommunikations- oder Distributionsmaßnahmen erweitern, ohne dass es mehr kostet?" Die Kosteneinsparung ist sicherlich ein wichtiger Aspekt im Cross-Marketing. Wenn Budgetschonung jedoch das einzige Motiv ist, dann ist es einfach zu kurz gesprungen. Das Thema Cross-Marketing hat sich in den letzten zwei, drei Jahren stark verbreitet, aber auch verwässert. Es wäre jetzt einfach an der Zeit, gegenüber dem Endverbraucher glaubwürdige und für die jeweiligen Marken nachhaltig sinnvolle Kooperationen im Markt zu schmieden.

Wie schätzen Sie die zukünftige Bedeutung von Cross-Marketing ein?

Das kurzfristige Cross-Marketing, die simple und einmalige Promotion wird langfristig im Markt an Bedeutung verlieren. Dagegen werden sich mehr Markenartikler auf die strategischen Kooperationen konzentrieren und dabei die gesamte Klaviatur des klassischen und new Marketings miteinander verzahnen.

In welchen Fällen halten Sie Cross-Marketing grundsätzlich für sinnvoll?

Jedes Unternehmen muss sich eine ganz zentrale Frage stellen: „Kann ich das, was ich mir mit meiner Marke vorgenommen habe, alleine erreichen oder brauche ich einen guten Partner?" In vielen Fällen ist das alleinige Vorgehen zielführender und effizienter, da die Aussage einer einzelnen Marke für den Aufbau oder die Intensivierung ihrer Positionierung wirkungsvoller ist als die Mehrfachaussage mit einer Partnermarke. Begleitende Marken können in manchen Fällen zu einer Verringerung der Aufmerksamkeit für das eigene Produkt führen. Nehmen Sie zum Beispiel die Kommunikation mit Testimonials: Kommuniziert ein Lebensmittelhersteller mit einem Star-Koch, dann besteht die Gefahr, dass sich jeder nur noch an diesen Koch erinnert, und nicht mehr an die Produkte, mit denen er gekocht hat. Das halte ich für fatal. Auch bei einer Kooperation mit einer sehr starken Marke kann es passieren, dass diese die ganze Aufmerksamkeit auf sich zieht.

Sinn machen Kooperationen dann, wenn zum Beispiel zwei Marken „auf Augenhöhe" im Handel gezielt mehr Kommunikationsbreite oder auf die Vertriebsschienen bezogen stärkere Listungen oder eine umfassendere Distribution erreichen wollen. Beispielhaft kann die sinnvolle und glaubwürdige Präsentation von sich ergänzenden Produkten in einem Bedarfsfeld auch vom Handel positiv goutiert werden und die klassischen Finanzierungsmechanismen teilweise ersetzen.

Kommen wir nun zu den Zielen beim Cross-Marketing. Sie haben vorhin schon den Kostenaspekt angesprochen. Welche weiteren Motive gibt es?

Einige Markenartikler wollen durch die Zusammenarbeit mit einer in einem besonderen Umfeld erfolgreich positionierten Partnermarke einen Imagetransfer auf die eigene erreichen. Als Außenstehender betrachte ich gespannt, wie derzeit ein Getränkehersteller mit einer braunen Brause seine Getränkeautomaten bei einem Texteliten aufstellt. Die Brause erweitert durch die Kooperation ihre Vertriebskanäle, denn rund 400 Textil-Filialen sind schon eine Hausnummer. Für das Bekleidungshaus ist es eine Imagebereicherung: Der Getränke-Automat wird im Umfeld der jungen Modemarken aufgestellt, so dass sich die jungen Käuferschichten beim Texteliten wohler fühlen. Alles sehr einfach und verständlich!

Ein weiterer, wichtiger Aspekt ist das Thema Vertrieb: Durch ein gutes Cross-Marketing kann das eigene Markenbild beim Handel verbessert und somit die Verhandlungsposition des Key Account gestärkt werden. Außerdem kann man bei den Verhandlungen von einem starken Kooperationspartner unterstützt werden. Dies erleichtert zum Beispiel eine Listung, die alleine mehr Aufwand erfordert hätte. Darüber hinaus kann Cross-Marketing in einem für Verbraucher nachvollziehbaren Bedarfsfeld zur Optimierung der Glaubwürdigkeit führen, da man von den Kompetenzen des Partners profitiert.

Nun möchten wir mit Ihnen gern den Managementprozess beim Cross-Marketing besprechen. Wie identifizieren Sie potenzielle Partner?

Hier kann ein externer, erfahrener Dienstleister hilfreich sein. Er bekommt die Aufgabe, einen potenziellen Themenfächer zu entwickeln, der zur Marke seines Kunden passt. Dann werden im nächsten Schritt Marken gescreent, die auf Augenhöhe zur eigenen Marke und sinnvoll zum Themenfächer passen. Dies geschieht derzeit nicht durch umfangreiche Studien und seitenlange Tabellen, sondern vielmehr durch langjährigere Erfahrung im Umgang mit Markenartiklern und klarer Kern-Parameter wie zum Beispiel „Ist-Zielgruppen-Vergleichen" und „Positionierungs-Spiegelungen". Im nächsten Schritt ist entscheidend, den richtigen Ansprechpartner (Entscheider mit persönlichem Engagement für die Sache) bei der potenziellen Kooperationsmarke zu finden, um dann in einem vertraulichen Gespräch zu klären, ob er sich eine Zusammenarbeit ebenso vorstellen kann. Im dritten Schritt findet dann ein Gespräch zwischen den Marketing- oder Vertriebsverantwortlichen beider Marken statt. Ein externer Dienstleister kann dieses Gespräch auf der Basis des oben genannten Themenfächers moderieren.

Würden Sie vor dem ersten Kontakt ein Angebot ausarbeiten, in dem man sagt, das sind unsere Ziele, das können wir dem potenziellen Partner bieten?

Das ist idealtypisch. Doch oft gehen die Beteiligten auch „hemdsärmelig" ran. Meine Empfehlung: 1. Schritt: die klare Zielsetzung und den Themenfächer fixieren; 2. das Markenscreening; 3. das persönliche Kennenlernen der Verantwortlichen; 4. Ausarbeitung eines konkreten Themenfeldes mit Angebot und möglichen Umsetzungen und 5. gemeinsames Brainstorming mit konkreten Themen aus Punkt 4 und mit erweitertem Blick auch auf die begleitenden Maßnahmen, die das „Konzert" nachher ergeben. In einem gemeinsamen Meeting da nur „blank" zu sitzen und ein nettes Brainstorming abzuhalten, verursacht im Anschluss viel zusätzliche Abstimmungsarbeit.

Wie konkret sollte das Angebot sein?

Für sich selbst sollte man stets eine ganz klare Vorstellung haben: Welche Ziele will man wie mit welchen denkbaren Maßnahmen erreichen? Aber für den potenziellen Partner müssen noch genügend Aktionsspielräume vorhanden sein, so dass er sich einbringen kann „Mensch, da sind ja noch tolle Möglichkeiten für uns drin."

Wie sieht die Ausarbeitung eines solchen Angebotes aus? Empfiehlt sich dazu ein Workshop, damit mehrere Ideen aus dem ganzen Unternehmen einfließen können?

Ich würde da nicht katholischer sein als der Papst. Workshops kosten viel Zeit und Geld. Hat ein Unternehmen sich für eine einfache Promotion entschieden, reichen kurze Absprachen der key facts und ab geht's. Entscheidet sich der Marketingverantwortliche jedoch für eine komplexere Maßnahme, so sollte man ein gemeinsam vorbereitetes Brainstorming am Start und auch während der Kooperation gezielt durchführen. Bei beiden Kooperationen, besonders der komplexer geplanten Zusammenarbeit sollte der externe Dienstleister konsequent dabei sein.

Nachdem ein Konzept erarbeitet und potenzielle Partner identifiziert wurden, muss der richtige Partner ausgewählt werden. Welche Kriterien sind Ihrer Meinung nach bei der Partnerwahl entscheidend?

Ich gehe davon aus, dass beim Identifizieren der potenziellen Partner schon alle Aspekte zum Abgleich der Marken diskutiert wurden. Dann ist entscheidend, wie sich beim ersten Gespräch die Marketingverantwortlichen verstehen, ob die Kooperation bei beiden eine ähnlich hohe Priorität besitzt und der Nutzen bei beiden summa summarum vergleichbar ist. Und dann kann's losgehen.

Auch wenn es sich banal anhört: Bei Kooperationen ist es besonders wichtig, dass der gemeinsame kommunikative Auftritt für den Verbraucher schnell und einfach verstehbar ist und zu den Marken auch passt. Wir haben beispielsweise die Zusammenarbeit von Berndes und Nordzucker im Rahmen einer Treueaktion begleitet. So eine Kooperation macht Sinn, denn zum Backen mit Sweet Family brauchen sie Backutensilien von Berndes oder zum Gelieren gehört der richtige Geliertopf. Und diese Hardware gab es im Rahmen der Sweet Family-Treuepunkt-Aktion für die Verbraucher mit attraktiven Preisnachlässen zu kaufen. Das ist für jeden schnell begreifbar, passt zur Marke Nordzucker und damit ein sinnvolles Cross-Marketing.

Testen Sie so etwas im Vorfeld?

Wir reflektieren solche Vorschläge mit schnellen, pragmatisch-einfachen „Straßentests". Auch wenn die Ideen noch so logisch und naheliegend klingen. Dafür fragen wir etwa 20 bis 30 Verbraucher auf der Straße: „Verstehen Sie das? Was bedeutet das für Sie? Können Sie sich diese Zusammenarbeit vorstellen?" Für uns ist das eine erste, schnelle Überprüfung, ob wir eine intelligente Lösung gefunden haben, die funktioniert.

Ist es aus Ihrer Sicht ein Problem den Imagefit ohne fundierte Marktforschungszahlen zu überprüfen?

Wenn keine Marktforschungszahlen vorhanden sind, sollte man nach dem Bauchgefühl und dem gesunden Menschenverstand vorgehen. Nach meiner Einschätzung basieren auch heute noch 80 Prozent aller Kooperationen auf dem Bauchgefühl. Viele davon funktionieren, einige aber auch nicht.

Wie sieht es mit dem Kriterium des Zielgruppenfits aus?

Bei zu großen Unterschieden zwischen den Zielgruppen würde es einfach knallen. Nehmen wir ein fiktives Beispiel: Ein bodenständiges, solides Unternehmen der Hausgeräte-Branche wollte mit einer modernen, spritzig jungen Limonadenmarke zusammenarbeiten. Die Zielgruppe der Limonade: 15- bis 23-jährige. Die Ist-Zielgruppe im Bereich Hausgeräte: 45 plus. Die jungen Leute können sich kaum vorstellen, was sie mit Hausgeräten anfangen sollen: „Was soll ich mit einem klassischen Kühlschrank, ich weiß da ist die Limonade drin. Aber ich habe noch gar keinen eigenen Haushalt." Das würde vorne und hinten nicht passen. Aber bei einer Kooperation zwischen Bosch Hausgeräte und Bonaqa, die wir begleitet haben, ist der Zielgruppenfit gegeben.

Viele Marketingverantwortliche gehen an das Thema Zielgruppenfit mit ihrer Erfahrung und einem sehr gesunden Menschenverstand ran und liegen mit ihren Einschätzungen oft richtig.

Wie wichtig ist die menschliche Beziehung zwischen den Marketing-verantwortlichen für ein erfolgreiches Cross-Marketing?

Die beiden Verantwortlichen sollten sich am Anfang zusammensetzen, sich tief in die Augen schauen und fragen: „Wollen wir das oder nicht?" Sagen dann beide „ja", ist aus meiner Sicht eine ganz wichtige menschliche Basis für die weitere Zusammenarbeit geschaffen. Gibt es auf der menschlichen Seite Bedenken, ist die Kooperation meist schon zum Scheitern verurteilt. Dann werden Gründe gesucht, um es scheitern zu lassen. Die Qualität der persönlichen Beziehungen ist das A und O für eine erfolgreiche Zusammenarbeit!

Stellt aus Ihrer Sicht die Zusammenarbeit zwischen einem kooperationserfahrenen und einem unerfahrenen Unternehmen ein Problem dar?

Ich sehe da keine Gefahr, dass jemand über den Tisch gezogen wird. Wirtschaft ist positiv und nach vorne denkend. Es arbeiten auch keine Wettbewerber zusammen, sondern zwei Partner mit grundsätzlich gleichen Interessen.

Es wird oft gefordert, dass die Marketingkulturen und Führungsstile der Unternehmen zusammenpassen müssen. Wie sehen Sie das?

Wird in dem einen Unternehmen die Marke hochgradig professionell betreut und in dem anderen wird es eher hemdsärmlich betrieben, dann können im weiteren Verlauf der Kooperation Probleme entstehen. Hier kann der externe Dienstleister ein wichtiger Puffer sein. Er kann beispielsweise die Schwächen im Marketing eines Partners gegenüber dem anderen abfedern.

Sie haben eben die Funktion des externen Dienstleisters angesprochen. Was kann ein Dienstleister zum Cross-Marketing beitragen?

Wenn es um einfache, kurzfristige Promotions geht, kann ich als Unternehmen schnell und einfach alle erforderlichen Arbeiten auf die Agentur weitgehend komplett übertragen. Bei komplexeren Kooperationen kommt es auf die Erfahrenheit des Dienstleisters an. Er sondiert im Vorfeld den Themenfächer, spricht gezielt aus „seinem Portfolio" geeignete Partnermarken an und moderiert die ersten gemeinsamen Brainstormings. Hat jedoch die beauftragende Marke einen eigenen Arbeitskreis beschrieben, der die langfristigen Kooperationsmaßnahmen inhouse betreut, dann kann die Agentur Sparringspartner sein. Auf jeden Fall sollte der Dienstleister wie taufrisch auf Erfahrungen aus mindestens 10 bis 20 Projekten zurückgreifen können.

Wie sehen die weiteren Schritte aus nachdem man sich für einen Partner entschieden hat?

Nachdem der erste Gedankenaustausch durch ist, geht es maßgeblich um die Fixierung der gemeinsamen Ziele und der zur Verfügung stehenden Budgets. Anschließend sollte es mit einem proaktiven Austausch von Ideen durch beide Seiten weitergehen und einer kontinuierlichen Nutzenabwägung für alle Beteiligten.

Beim Cross-Marketing ist die Ehe-Metapher ja sehr beliebt und steht doch im Gegensatz zu denjenigen, die mit Checklisten an solche Verhandlungen herangehen.

Checklisten sollte man bei solchen Gesprächen zumindest im Hinterkopf behalten, um sich zu fragen: „An was müssen wir alles denken?" Aber ich habe bisher noch kein einziges Gespräch erlebt, dass so technisch ausschließlich an Checklisten orientiert abläuft. Aus unserer Erfahrung sollte man auch nicht bis auf die letzte Stelle hinter dem Komma genau die Bewertung und den Vergleich der eigenen Maßnahmen und die des Partners vornehmen. Es muss im Großen und Ganzen stimmig sein. Mal investiert der eine etwas mehr, dann wieder der andere. Das ist wie das biblische Prinzip von Geben und Nehmen. Unterm Strich muss eine Kooperation, wie in einer guten Ehe, beiden Partnern ein einvernehmliches Gefühl vermitteln.

Aus juristischer Sicht jedoch wird vor allem bei den Kosten eine sehr genaue Festlegung empfohlen, um mögliche Konflikte zu verhindern.

Im idealtypischen Fall, ja. Aber das ist häufig kaum möglich. Wenn beispielsweise ein Partner etwas in Form von Naturalien beisteuert, dann stellt sich dort sofort die Frage: „Nimmt der den VK- oder den Herstellungswert?" Die groben Kosten sollte man kalkulieren, gemeinsam und offen besprechen, fixieren und aufteilen. Wichtig ist, durch eine gründliche Planung alle Kosten von Anfang an zu berücksichtigen. Unerwartete Nachbelastungen sprengen schnell die bestgemeinte Kooperationen.

Wie sollten die getroffenen Vereinbarungen vertraglich fixiert werden?

Die gemeinsamen Werbeaussagen sollten juristisch überprüft werden. Ansonsten bin ich in hohem Maße Pragmatiker. Wenn eine Beziehung stimmig ist, dann läuft sie. Ist der Wurm drin, dann nützen die besten Verträge nichts, dann sollte man sich trennen. Wir haben es noch nie erlebt, dass sich Geschäftspartner in unserem Umfeld verklagt haben. Selbst wenn in Ausnahmesituationen beispielsweise ein Marketingverantwortlicher sagt: „Du, mein Geschäftsführer ist mir gerade auf die Bremse gesprungen, aus unserem Cross-Marketing wird nichts", hat dafür sein

Gesprächspartner auf der anderen Markenseite Verständnis, weil er weiß, dass könnte mir auch passieren. Basiert die Kooperation auf einem guten menschlichen Verhältnis bei den Verantwortlichen, dann können selbst Fehler schnell ausgebügelt werden, ohne dass es zu nachhaltigen Irritationen kommt.

Damit das Cross-Marketing im Tagesgeschäft nicht untergeht, werden in der Literatur häufig regelmäßige Treffen oder Workshops vorgeschlagen. Wie sollte aus Ihrer Sicht das Partnermanagement gestaltet werden?

Ein regelmäßiger, kommunikativer Austausch sowie Treffen oder Workshops sind sinnvoll, denn im normalen Tagesgeschäft versinken Kooperationsanliegen binnen weniger Stunden, wenn sie nicht eine hohe Priorität beziehungsweise klare Verantwortlichkeiten und Timings haben. Bei langfristigen, strategischen Kooperationen, wie zum Beispiel zwischen FRoSTA und Brigitte, ist es sehr sinnvoll, das Cross-Marketing durch regelmäßige Workshops zu beleben. Aber diese Kooperation ist schon etwas Besonderes.

Zum Schluss des Interviews möchten wir uns dem Controlling beim Cross-Marketing widmen. Wie sollte die Erfolgskontrolle ablaufen?

Im Hintergrund sollte stets ein Controlling laufen, bei dem die tatsächlichen Ergebnisse kontinuierlich ermittelt und mit den Zielen verglichen werden. Sollten die angestrebten Ziele früh erkennbar nicht erreicht werden, muss man sich umgehend zusammensetzen und sagen: „An welchen Schrauben müssen wir drehen, dass wir unsere gemeinsam vereinbarten Ziele wieder erreichen? Im schlimmsten Fall auch rechtzeitig sagen: „Das klappt nicht, was wir da machen. Unser Key Account hat gerade mit dem Projekt erhebliche Schwierigkeiten im Handel erlebt, lasst uns das Projekt kurzfristig zurückstellen." Offenheit ist an jedem Punkt ganz wichtig.

Sind bei kurzfristigen Kooperationen Korrekturen überhaupt möglich?

Bei kurzfristigen Kooperationen sind Korrekturen kaum möglich. Wenn sie erstmal im Markt sind, dann ist kaum noch etwas zu verändern. Aber man kann daraus lernen und sagen: „Beim nächsten Mal sollten wir dieses oder jenes anders machen."

Wird nach Ihrer Erfahrung bei der Erfolgskontrolle mit Kennzahlen gearbeitet?

Kaum. Obwohl bei Verkaufszahlen oder Listungsergebnissen eine recht genaue Überprüfung und Zuordnung der Cross-Marketing-Maßnahme oft möglich ist. Natürlich ist das bei Imagezielen anders. Hier müssten aufwendige Analysen durchgeführt werden, was in diesem Zusammenhang eher selten geschieht. Aus unserer Sicht sollten am Ende jeder Kooperation die Ergebnisse mit dem Partner zusammen offen analysiert werden.

Juristisch ist ein Wechsel des Partners möglich. Halten Sie diesen Weg in bestimmten Fällen für sinnvoll?

Never change a winning horse. Wenn eine Kooperation gut funktioniert, sollte man sie auch fortsetzen. Ist aber die Zusammenarbeit mühsam und aufwendig, dann kann ich jeden Marketingverantwortlichen verstehen, der sagt: „Nicht schon wieder!" In solchen Fällen liegt es nahe, das Pferd zu wechseln und nach optimaleren Partnern Ausschau zu halten. Doch vorher empfehle ich auch hier den offenen Dialog mit den inhouse Verantwortlichen und dem Dienstleister: „Woran hat es gelegen? War das Konzept nicht super oder hat nur die Umsetzung nicht gestimmt?" In jedem Fall plädiere ich für einen offenen und kultivierten Informations- oder auch Schlagabtausch.

Ein schönes Schlusswort, Herr Pick. Vielen Dank für das informative Gespräch.

Heinz-Jürgen Pick ist seit 1992 in der Marketingberatung tätig. Er ist geschäftsführender Gesellschafter der taufrisch werbeagentur GmbH, die er 1999 mit seinem Partner Thomas Nachtigahl gründete. taufrisch ist eine Full-Service Werbeagentur mit 15 Mitarbeitern. Schwerpunkte der Tätigkeit sind Verkaufsförderung, PoS- und Kooperationsmarketing. Zu den Kunden von taufrisch gehören zum Beispiel Beiersdorf, Berndes, Bosch, Coca-Cola, HandSan, Iglo, Melitta und Nordzucker.

Kontakt:
taufrisch werbeagentur GmbH
Heinz-Jürgen Pick
Stresemannstraße 375, 22761 Hamburg
Telefon   +49 (0)40 39 86 71 21
Telefax   +49 (0)40 39 86 71 99
E-Mail   H.-J.Pick@taufrisch.net

4. Mit dem Managementprozess in fünf Schritten zum Erfolg – so gehen sie vor

In diesem Kapitel führen wir Sie durch einen strukturierten Cross-Marketing-Managementprozess. Er besteht aus fünf Schritten: Idealerweise beginnt Ihr Vorhaben mit der internen Vorbereitung. Im zweiten Schritt folgt die systematische Auswahl eines geeigneten Partners. Nachdem Sie einen Partner gefunden haben, sollten Sie im dritten Schritt gemeinsam ein Cross-Marketing-Konzept entwickeln. Die getroffenen Vereinbarungen sollten Sie dann in einem Vertrag schriftlich fixieren. Den Abschluss des Managementprozesses bildet die Umsetzung des Konzeptes. In der Praxis gehört die Erfolgskontrolle eigentlich an den Schluss des Prozesses – doch diesem wichtigen Aspekt haben wir ein eigenes Kapitel gewidmet.

der Regel wird einem Produktmanager oder dem Marketing- beziehungsweise Vertriebsleiter die Verantwortung übertragen. Der Verantwortliche ist für sämtliche Schritte des Managementprozesses zuständig. Je nach Aufgabe sollte er seine Kollegen mit einbeziehen.

Verfügt Ihr Unternehmen über keine oder nur wenige Erfahrungen im Bereich Cross-Marketing, sollte der Verantwortliche zunächst alle Beteiligten aus dem Marketing und Vertrieb sowie der Geschäftsleitung grundsätzlich über die Ziele, Maßnahmen und Vorgehensweisen beim Cross-Marketing im Allgemeinen informieren. Dies kann in Form eines Workshops geschehen oder aber deutlich einfacher durch eine E-Mail.

Die interne Vorbereitung – so entwickeln Sie ein überzeugendes Angebot für potenzielle Partner

Der Initiator eines Cross-Marketings sollte sich zunächst intern auf die Kooperation vorbereiten.

„Cooperation Marketing begins at home."
Vilmar 2006, Seite 79

Die Auswahl eines Cross-Marketing-Verantwortlichen

Als erstes ist ein Verantwortlicher für das Cross-Marketing zu bestimmen. Im Idealfall sollte er über Erfahrungen in diesem Bereich verfügen. In

So definieren Sie Ihre Cross-Marketing Ziele

Im zweiten Schritt sind die Cross-Marketing-Ziele festzulegen. Dafür sollten Sie eine Besprechung abhalten, an der unter der Leitung des Cross-Marketing-Verantwortlichen folgende Mitarbeiter teilnehmen: die Produktmanager, die Marketing- und Vertriebsleiter, eventuell ein Mitglied der Geschäftsführung und die Leiter der Verkaufs-, Werbe- oder PR-Abteilung. In dieser Besprechung sollten Sie die Frage diskutieren: „Welche Marketingziele können wir durch Cross-Marketing besser erreichen als alleine?" Dies kann zum Beispiel die Ansprache neuer Zielgruppen oder die Verjüngung des eigenen Markenimages sein. (Vergleiche zu den verschiedenen Cross-Marketing-Zielen ausführlich den letzten Teil des Kapitels: „Was wollen

Sie erreichen? So definieren Sie Ihre Marketing-ziele".) Definieren Sie Ihre Cross-Marketing-Ziele so präzise wie möglich. Streben Sie beispielsweise die Ansprache neuer Zielgruppen an, beschreiben Sie diese Zielgruppe möglichst detailliert. Eine klare Vorstellung über die eigenen Ziele ist für die späteren Verhandlungen mit dem Kooperations-partner von zentraler Bedeutung.

Brainstorming hinsichtlich möglicher Cross-Marketing-Maßnahmen

Nach der Zieldefinition sollten Sie in einem Brain-storming Ideen sammeln, mit welchen Maßnah-men diese Ziele zu erreichen sind. (Vergleiche zu den verschiedenen Cross-Marketing-Maßnah-men ausführlich den „Ideenguide".) Überprüfen Sie anschließend jede Idee hinsichtlich ihrer Re-alisierbarkeit. Vor allem die Kosten sind hier ein entscheidendes Kriterium. An diesem Punkt kann und soll noch kein detailliertes Cross-Marketing-Konzept erarbeitet werden. Es ist jedoch sinnvoll für die Gespräche mit potenziellen Kooperations-partnern bereits erste Ideen vorbereitet zu haben. Das genaue Konzept sollte später mit dem Partner gemeinsam erarbeitet werden.

> *„Überzeugen kann man nur mit der richtigen Vorbereitung: Einen möglichen Partner gewinnt man weder mit einem bereits finalisierten Konzept, noch durch eine vollkommen offene Diskussion."*
>
> Simon Thun,
> Cross-Marketing-Berater

Die Erstellung eines Angebotes für die poten-ziellen Kooperationspartner

Der zentrale Aspekt bei der internen Vorbereitung ist die Erstellung eines Angebotes für die poten-ziellen Kooperationspartner. Um einen Partner für sich zu gewinnen, müssen Sie ihm die Win-Win-Situation verdeutlichen. Dafür ist folgende Frage zu beantworten: „Was können wir unserem Koope-rationspartner bieten?". Die Antwort sollte auf den bereits in der SWOT-Analyse ermittelten Stärken Ihres Unternehmens basieren. Dies können zum Beispiel eine starke Stellung bei einer bestimmten Zielgruppe, Imageeigenschaften der eigenen Mar-ke, finanzielle Mittel, Stärken in der Distribution oder Produktentwicklung sein. Aus den Stärken Ihres Unternehmens und den bereits im Brainstor-ming ermittelten Maßnahmen können mögliche Cross-Marketing-Ziele für die potenziellen Partner abgeleitet werden: Haben Sie beispielsweise eine starke Stellung bei einer bestimmten Zielgruppe und als Maßnahme ein Cross-Selling angedacht, so könnte Ihr Kooperationspartner durch das Cross-Marketing die Zielgruppe erreichen, bei der Ihr eigenes Unternehmen stark ist. Am Ende dieser Überlegungen sollten Sie die Frage beantworten können „Was hat der potenzielle Partner von einer Kooperation mit uns?"

Externe Dienstleister können bei der internen Vorbereitung hilfreich sein

Haben alle Beteiligten in Ihrem Unternehmen wenig Erfahrung im Bereich Cross-Marketing, könnte sich die interne Vorbereitung schwierig ge-stalten. In solchen Fällen sind externe Dienstleis-ter hilfreich. Inzwischen gibt es eine Vielzahl von Werbeagenturen und Unternehmensberatern, die sich auf den Bereich Cross-Marketing spezialisiert haben. Bei der Auswahl eines Beraters ist darauf zu achten, dass er über eine möglichst langjährige Erfahrung im Cross-Marketing verfügt. Der externe Dienstleister kann die Diskussion moderieren, auf eventuelle Fehler hinweisen und eigene Anregungen beisteuern. Allerdings ist diese Dienstleistung mit recht hohen Kosten verbunden. Verfügt Ihr Cross-Marketing-Verantwortlicher über entsprechende Erfahrungen, ist die interne Vorbereitung auch ohne externen Dienstleister möglich.

Auf Basis der internen Vorbereitung folgt im zweiten Schritt die Identifizierung von potenziellen Partnern, die erste Kontaktaufnahme und die Auswahl des geeigneten Partners. Diese Aspekte möchten wir Ihnen im folgenden Abschnitt näher erläutern.

■ Die interne Vorbereitung auf einen Blick

Folgende Aspekte sollten Sie zu Beginn intern klären:

■ Bestimmen Sie einen Cross-Marketing-Verantwortlichen.

■ Definieren Sie so genau wie möglich Ihre Cross-Marketing-Ziele.

■ Sammeln Sie in einem Brainstorming Ideen für mögliche Cross-Marketing-Maßnahmen und überprüfen Sie diese Ideen hinsichtlich ihrer Realisierbarkeit.

■ Überlegen Sie, wie Sie Ihren potenziellen Partnern die Win-Win-Situation verdeutlichen.

Haben alle Beteiligten in Ihrem Unternehmen wenig Erfahrung im Bereich Cross-Marketing, kann ein externer Dienstleister hilfreich sein.

Drum prüfe, wer sich bindet – darauf sollten Sie bei der Partnerwahl achten

Die Auswahl eines geeigneten Partners ist die zentrale Voraussetzung für ein erfolgreiches Cross-Marketing. Wir möchten Ihnen nun die drei Schritte der Partnerwahl detailliert vorstellen: Zunächst sind die potenziellen Partner zu identifizieren, es folgt die Kontaktaufnahme und am Schluss ist der geeignete Partner anhand von Kriterien auszuwählen.

So identifizieren Sie potenzielle Partner

Erstellung eines Anforderungsprofils

Bevor Sie mit der eigentlichen Suche beginnen, sollten Sie ein Anforderungsprofil Ihres zukünftigen Kooperationspartners erstellen. Die verschiedenen Auswahlkriterien werden wir Ihnen ausführlich im dritten Teil dieses Unterkapitels („Anhand dieser Kriterien sollten Sie den geeigneten Partner auswählen") darstellen.

Erstellung einer Ausschlussliste

Anschließend sollten Sie sich überlegen, mit welchen Unternehmen Sie auf keinen Fall kooperieren wollen – erstellen Sie eine sogenannte Ausschluss- oder No-Go-Liste. In der Regel wird eine Zusammenarbeit mit der Konkurrenz ausgeschlossen. In diesem Zusammenhang sollten Sie auch überlegen, ob Unternehmen aus anderen Branchen in der Zukunft zu Konkurrenten werden könnten. Zudem können Sie Unternehmen ausschließen, mit denen Sie zum Beispiel bei vergangenen Kooperationen schlechte Erfahrungen gemacht haben. In bestimmten Fällen können von Anfang an auch ganze Branchen ausgeschlossen werden: Ist Ihre

Marke beispielsweise auf Gesundheit ausgerichtet, so sollten alle Branchen ausscheiden, deren Produkte als gesundheitsschädlich gelten (zum Beispiel die Tabak- oder Fastfood-Branche).

Die Partnersuche

Auf Basis der eben dargestellten Vorbereitungen folgt nun die eigentliche Partnersuche. Als erstes können Sie persönliche Kontakte nutzen, die zu Verantwortlichen anderer Unternehmen bestehen oder die über Dritte geknüpft werden können. An diesem Punkt sei allerdings eine Warnung ausgesprochen: Ein guter persönlicher Kontakt ist zwar für eine erfolgreiche Kooperation sehr wichtig, er sollte aber nicht das einzige Kriterium für eine Cross-Marketing-Verbindung sein. Diese sogenannten „Golfplatzkooperationen" sind nicht immer sinnvoll, denn auch der beste persönliche Kontakt wird einer unpassenden Kooperation nicht zum Erfolg verhelfen.

Neben den persönlichen Kontakten gibt es eine Vielzahl von weiteren Möglichkeiten zur Partnersuche: Im Internet können Sie in den verschiedensten Datenbanken nach Kooperationspartner suchen. Ein Beispiel ist neben den allgemeinen Firmenpools die von der Werbeagentur Ufer & Compagnie angebotene Vermittlungsplattform unter www.cross-s.de. Sie sollten bei diesen Datenbanken immer die möglichen Kosten für die Suche oder das Einstellen von Angeboten überprüfen. Die Partnersuche kann auch an die bereits erwähnten externen Dienstleister abgegeben werden. Dieser Service ist allerdings mit hohen Kosten verbunden und lohnt sich nur, wenn der Dienstleister über eine Vielzahl von persönlichen Kontakten verfügt. Recherchiert der externe Bera-

ter nur im Internet, ist er keine große Hilfe. Haben Sie bereits eine bestimmte Branche im Auge, mit der Sie gerne kooperieren würden, so bietet sich die Partnersuche auf Messen, Ausstellungen oder Kongressen an. Inzwischen gibt es auch spezielle Kooperationsbörsen, auf denen Sie mit den potenziellen Partnern Kontakt aufnehmen können.

Nachdem Sie einen Pool von potenziellen Partnern, die Ihren Anforderungen entsprechen, ermittelt haben, folgt die Kontaktaufnahme. Bei vielen der eben beschriebenen Suchmöglichkeiten findet mit der Identifizierung von potenziellen Partnern auch gleichzeitig die erste Kontaktaufnahme statt (zum Beispiel persönliche Kontakte oder Kooperationsbörsen). Aufgrund der besseren Verständlichkeit stellen wir den Aspekt der Kontaktaufnahme jedoch im folgenden Abschnitt separat vor.

> **Die Identifizierung von potenziellen Partnern auf einen Blick**
>
> ■ Erstellen Sie vorab ein Anforderungsprofil und eine Ausschlussliste.
> ■ Zur Partnersuche können Sie persönliche Kontakte, Internetdatenbanken, externe Dienstleister, Messen, Ausstellungen und Kongresse sowie Kooperationsbörsen nutzen.

Die Kontaktaufnahme mit den potenziellen Partnern

Rufen Sie im ersten Gespräch beim potenziellen Partner Interesse hervor

Arbeiten Sie mit einem externen Dienstleister zusammen, wird dieser den ersten Kontakt mit den potenziellen Partnern herstellen und in einem vertraulichen Gespräch klären, ob grundsätzliches

Interesse an einer Kooperation besteht. Führen Sie das Cross-Marketing eigenständig durch, so ist bei den potenziellen Partnern zunächst der richtige Ansprechpartner zu ermitteln, meist ist es der jeweilige Produktmanager oder der Marketing- beziehungsweise Vertriebsleiter. Stellen Sie im ersten Gespräch Ihr Unternehmen, ihre Cross-Marketing-Idee und die Win-Win-Situation für den Partner kurz dar. Gehen Sie zu diesem Zeitpunkt noch nicht zu sehr ins Detail. Sie müssen nur ein allgemeines Interesse wecken.

Im zweiten Schritt sollten Sie sich persönlich kennen lernen und Ihr Angebot präsentieren

Besteht bei Ihrem potenziellen Partner ein grundsätzliches Interesse an einer Zusammenarbeit, sollten sich die Verantwortlichen beider Seiten treffen und kennen lernen. Dieses Gespräch kann von einem externen Dienstleister moderiert werden. Der Initiator sollte nun sein Angebot präsentieren: Stellen Sie Ihre Idee und Ihre eigenen Ziele dar, erläutern Sie, warum Sie gerade mit diesem Partner zusammen arbeiten wollen und betonen Sie vor allem, welchen Nutzen Ihr Partner aus der Kooperation ziehen kann. (Wie Sie Ihre Idee erfolgreich präsentieren, erfahren Sie im Kapitel „Präsentationskunde".) Sie können auch schon erste Maßnahmen vorschlagen, diese sollten allerdings nicht zu konkret sein, denn ansonsten besteht die Gefahr, dass Ihr potenzieller Partner sich in seiner Aktionsfreiheit eingeschränkt fühlt und das Interesse an einer weiteren Zusammenarbeit verliert. Bei den vorgeschlagenen Maßnahmen müssen noch genügend Handlungsspielräume gegeben sein.

„Für sich selbst sollte man ganz klare Vorstellungen haben. Aber für den potenziellen Partner müssen noch genügend Aktionsspielräume vorhanden sein, so dass er sich einbringen kann: Mensch, da sind ja noch tolle Möglichkeiten für uns drin."

Heinz-Jürgen Pick,
Cross-Marketing-Berater

Besteht nach dem ersten Kontakt auf beiden Seiten Interesse an einer Kooperation, müssen sich beide nun sehr genau überlegen, ob sie mit diesem Partner eine Cross-Marketing-Verbindung eingehen wollen. Dabei sind verschiedene Kriterien zu beachten, die wir Ihnen im folgenden Unterkapitel näher darstellen wollen.

Die Kontaktaufnahme mit dem potenziellen Partner auf einen Blick

- Ermitteln Sie zunächst den richtigen Ansprechpartner Ihres potenziellen Partners.
- Stellen Sie im ersten Gespräch Ihr Unternehmen, Ihre Cross-Marketing-Idee und die Win-Win-Situation für den potenziellen Partner kurz dar.
- Haben Sie das Interesse Ihres potenziellen Partners geweckt, sollten sich die Verantwortlichen beider Seiten treffen und kennen lernen.
- Präsentieren Sie bei diesem Treffen Ihr Angebot: Betonen Sie vor allem den Nutzen für Ihren Partner. Sie können auch schon erste Maßnahmen vorschlagen, werden Sie dabei aber nicht zu konkret.

Anhand dieser Kriterien sollten Sie den geeigneten Partner auswählen

Die zentrale Voraussetzung für ein erfolgreiches Cross-Marketing ist die systematische Auswahl des geeigneten Partners. Daher sollten Sie vor Beginn einer Kooperation die möglichen Partner hinsichtlich verschiedener Kriterien überprüfen. Im weiteren Verlauf dieses Abschnitts stellen wir Ihnen die einzelnen Auswahlkriterien im Detail vor.

Die Qualität der persönlichen Beziehungen

Für ein erfolgreiches Cross-Marketing ist die gute persönliche „Chemie" zwischen den Verantwortlichen von entscheidender Bedeutung. Bereits während der ersten Treffen sollten Sie sich fragen, ob die Zusammenarbeit auf der menschlichen Ebene funktionieren wird. Ist die Beziehung sehr förmlich und distanziert, wird sich die weitere Zusammenarbeit schwierig gestalten.

„Gibt es auf der menschlichen Seite Bedenken, ist die Kooperation meist schon zum Scheitern verurteilt. [...] Die Qualität der persönlichen Beziehungen ist das A und O für eine erfolgreiche Zusammenarbeit."

Heinz-Jürgen Pick
Cross-Marketing-Berater

Im weiteren Verlauf des Managementprozesses werden wir immer wieder auf die große Bedeutung eines offenen und ehrlichen Informationsaustausches hinweisen (zum Beispiel bei der Überprüfung der Auswahlkriterien Zielgruppen- und Imagefit oder beim Partnermanagement). Eine vertrauensvolle und sympathische Atmosphäre erleichtert den offenen und ehrlichen Umgang miteinander. Auch eventuell auftretende Konflikte

lassen sich auf Basis einer guten persönlichen Beziehung deutlich leichter lösen, als wenn diese Sympathieebene fehlt.

„Es ist meiner Meinung nach sehr wichtig, dass man sich sympathisch ist. Wenn es sehr förmlich bleibt, sich die Arbeit sehr sachlich und fachlich gestaltet, dann ist es sehr viel anstrengender und aufwendiger, als wenn man auf einer persönlichen Sympathieebene miteinander arbeitet."

Jens Bartusch
Produktmanager der Marke FRoSTA

Die Qualität der persönlichen Beziehungen darf jedoch nicht das einzige Kriterium für eine Cross-Marketing-Verbindung sein. Passt die Kooperation hinsichtlich der weiteren Kriterien nicht zusammen, hilft auch der beste persönliche Kontakt nicht weiter.

Zielgruppenfit

Die Zielgruppen beider Marken sollten gewisse Gemeinsamkeiten aufweisen, denn bei zu großen Unterschieden würden die jeweiligen Zielgruppen die Verbindung als unpassend ansehen und in der Folge ablehnen.

Wollen Sie durch Cross-Marketing neue Kundengruppen erreichen, sollte die Zielgruppe des potenziellen Partners auch eine interessante Kundengruppe für Ihr Unternehmen sein.

So überprüfen Sie den Zielgruppenfit

Zum Abglcich der Zielgruppen ist ein offener und ehrlicher Informationsaustausch unabdingbar. Sie sollten sich mit Ihrem potenziellen Partner zusammensetzen und die jeweiligen Zielgruppen so genau wie möglich beschreiben. In den meisten Unternehmen sind geografische (Wohnort der Kunden) und soziodemografische Daten (Alter, Geschlecht, Familienstand, Ausbildung, Beruf und Einkommen) über die eigene Zielgruppe vorhanden. Für einen fundierten Zielgruppenabgleich sind diese Daten jedoch nicht ausreichend, denn Personengruppen, die hinsichtlich solcher Merkmale homogen sind, haben nicht automatisch auch ähnliche Einstellungen, Interessen oder Verhaltensweisen. Relevant für die Überprüfung des Zielgruppenfits sind vor allem psychografische (Einstellungen, Lebensstile und Persönlichkeitsmerkmale) sowie verhaltensorientierte Kriterien (unter anderem Kauf-, Verwendungs-, Mediennutzungs- und Freizeitverhalten). Dabei müssen die Zielgruppen der beiden Marken nicht vollkommen identisch sein, sondern nur hinsichtlich einiger zentraler Merkmale Gemeinsamkeiten aufweisen.

Einen besonders guten Hinweis auf passende Zielgruppen liefert die Einstellung der potenziellen Kooperationsmarken-Zielgruppe gegenüber der eigenen Marke und umgekehrt. Bei einer positiven Beurteilung ergeben sich große Chancen für das angestrebte Cross-Marketing. (Vergleiche Vilmar 2006, Seite 89.)

Zielgruppenvergleich am Beispiel FRoSTA & Brigitte

Vor der Kooperation zwischen FRoSTA und Brigitte wurden die Daten aus der Brigitte-Kommunikationsanalyse genutzt, um die Sympathiewerte der Brigitte-Diät-Zielgruppe für die Marke FRoSTA zu ermitteln. (Vergleiche auch das Interview mit Jens Bartusch in diesem Buch)

Die entsprechenden Marktforschungsdaten hinsichtlich psychografischer und verhaltensorientierter Zielgruppenmerkmale sowie über die Einstellungen der beiden Zielgruppen zur jeweiligen Partnermarke sind jedoch meist nicht vorhanden und müssten erst relativ aufwendig erhoben werden. In vielen Fällen stehen jedoch die Kosten für die notwendige Marktforschung in keinem Verhältnis zu dem Cross-Marketing-Vorhaben. Daher wird der Zielgruppenfit häufig auf Basis subjektiver Einschätzungen überprüft. Da die meisten Marketingverantwortlichen ihre Zielgruppen auch ohne die entsprechende Marktforschung sehr genau kennen, ist dies durchaus möglich.

> *„Viele Marketingverantwortliche gehen an das Thema Zielgruppenfit mit ihrer Erfahrung und einem sehr gesunden Menschenverstand ran, und liegen mit ihren Einschätzungen oft richtig."*
>
> Heinz-Jürgen Pick
> Cross-Marketing-Berater

Wurde ein ausreichender Zielgruppenfit ermittelt, sollten Sie im nächsten Schritt die Nutzenklammer zwischen den beiden Marken überprüfen.

Die Nutzenklammer zwischen den Marken

Die beiden potenziellen Kooperationsmarken sollten sich durch ein gemeinsames Thema – eine sogenannte Nutzenklammer – verbinden lassen.

„Aus unserer Sicht müssen die Geschäftsfelder zusammenpassen. Es muss ein Thema geben, welches die Partner verbindet."

Jens Bartusch
Produktmanager der Marke FRoSTA

Im „Ideenguide" (Kapitel 3) ist eine Vielzahl von Beispielen aufgeführt, in denen die beiden Marken durch ein passendes, gemeinsames Thema verbunden wurden: Hilton und Sixt fassten ihr Cross-Selling zum Beispiel unter der Nutzenklammer „komfortables Reisen" zusammen. Das Product-Bundling zwischen Senseo und Schwartau wurde durch das gemeinsame Thema „Frühstück" verbunden.

Die Nutzenklammer zwischen den Partnermarken ist nicht bei jeder Cross-Marketing-Form unbedingt notwendig. Wollen Sie beispielsweise ein Gewinnspiel veranstalten und suchen Kooperationspartner, um attraktive Preise anzubieten, so ist dafür ein gemeinsames Thema mit den potenziellen Partnern zweitrangig. Planen Sie allerdings ein umfassendes Cross-Marketing, bei dem verschiedene Maßnahmen verbunden werden sollen, so ist dies für den Verbraucher nur nachvollziehbar, wenn zwischen den beiden Marken eine plausible Nutzenklammer vorhanden ist.

Durch Verbraucherbefragungen die Nutzenklammer überprüfen

Sie sollten zusammen mit Ihrem Partner überlegen, welches Thema Ihre beiden Geschäftsfelder verbindet. Der Verbraucher muss die Nutzenklammer schnell und einfach verstehen. Sollten Sie unsicher sein, ob Ihr gemeinsam erdachtes Thema

verständlich ist, können Sie dies in einer Befragung testen. Interviewen Sie einfach die Verbraucher auf der Straße: „Ist das Thema A für Sie als Verbindung zwischen Marke X und Marke Y nahe liegend?" Die Antworten können Sie zum Beispiel auf einer Notenskala erfassen: von Note 1 „sehr nahe liegend" bis Note 6 „überhaupt nicht nahe liegend". Zudem sollten die Verbraucher ihre Antwort begründen. Gerade wenn die Nutzenklammer als unpassend angesehen wird, erhalten Sie aus den Begründungen Hinweise auf Ihren „Denkfehler". Etwa 50 Befragungen sind vollkommen ausreichend, um die Nutzenklammer zu überprüfen. (Vergleiche zu diesem Aspekt auch das Interview mit Heinz-Jürgen Pick in diesem Buch.) Diese Form der Marktforschung ist einfach und kostengünstig durchzuführen und kann Sie vor Fehleinschätzungen bewahren. Sie können die Befragung und Auswertung auch an einen externen Dienstleister abgeben.

Imagefit

Der Imagefit zwischen den Partnermarken (auch Markenfit genannt) ist ein weiteres entscheidendes Kriterium für ein erfolgreiches Cross-Marketing. Nur wenn die Images der beiden Marken grundsätzlich zusammenpassen, ist die Cross-Marketing-Verbindung aus Sicht der Verbraucher glaubwürdig. Die Images müssen nicht vollkommen identisch sein, sie sollten jedoch hinsichtlich einiger zentraler Merkmale Gemeinsamkeiten aufweisen. Zentrale Imageeigenschaften sind unter anderem Qualitäts- und Preiseigenschaften (Luxus- versus Billigmarke), die Modernität (junge, moderne versus solide, ältere Marke) sowie die grundsätzliche Imageausrichtung der Marke (ideelles versus funktionelles Markenimage). Die Verbindung einer Luxusmarke mit einer Billigmarke (zum Beispiel Armani und Aldi) würden die Konsumenten als unpassend ansehen und daher ablehnen. In diesem fiktiven Beispiel würde Armani eine Beschädigung des eigenen Markenimages riskieren. Auch die Kooperation zwischen einer Marke mit funktionellem Image („Ariel wäscht Ihre Wäsche nicht nur sauber, sondern rein") und einerMarke mit eher ideellem Image („Nike – just do it") würde vermutlich am fehlenden Imagefit scheitern.

Streben Sie durch das Cross-Marketing einen Imagetransfer an, so kommt dem Imagefit eine besondere Bedeutung zu: Wollen Sie beispielsweise Ihr Markenimage verjüngen, sollte die Partnermarke über ein junges und modernes Image verfügen; gleichzeitig muss das Image der potenziellen Partnermarke auch Gemeinsamkeiten zu Ihrem bisherigen Markenimage aufweisen.

So überprüfen Sie den Imagefit
Der Imagefit lässt sich am besten durch eine Imagemessung überprüfen. Anhand dieser Daten können Sie genau abgleichen, ob es Gemeinsamkeiten hinsichtlich zentraler Imageeigenschaften gibt und ob Ihre potenzielle Partnermarke die notwendigen Merkmale für einen Imagetransfer aufweist. Solche Imagedaten sind jedoch in vielen Unternehmen nicht vorhanden und selbst wenn die entsprechenden Zahlen vorliegen, werden sie häufig nicht herausgegeben. An diesem Punkt möchten wir nochmals die Bedeutung eines offenen und ehrlichen Informationsaustausches für ein erfolgreiches Cross-Marketing betonen.

Aber auch ohne die entsprechenden Daten ist die Überprüfung des Imagefits möglich: Dafür müssen die Marketingverantwortlichen beider Seiten Ihre jeweiligen Markenimages so realistisch wie möglich beurteilen. Dabei besteht allerdings die Gefahr der Fehleinschätzung, denn viele Marketingmanager beurteilen Ihr Markenimage viel zu gut. Sie sagen: „Wir sind jung, modern und total trendy." Dabei sprechen sie aber von ihrem Soll-Image und nicht vom tatsächlichen Image.

Testen Sie den Imagefit durch Verbraucherbefragungen
Wenn die entsprechenden Marktforschungszahlen fehlen, können Sie den Imagefit mittels einer globalen Fit-Analyse überprüfen. Auch diese Analyse können Sie relativ einfach durch eine Verbraucherbefragung auf der Straße durchführen: Stellen Sie die Frage: „Wie gut passt Marke A zu Marke B?" Die Antworten können Sie wieder auf einer Notenskala von Note 1 „passen sehr gut zusammen" bis Note 6 „passen überhaupt nicht zusammen" erfassen. Lassen Sie sich die Antwort von den Interviewten begründen. Diese Marktforschung können Sie mit der Verbraucherbefragung hinsichtlich der Nutzenklammer (siehe oben) kombinieren. Auch zur Überprüfung des Imagefits sind 50 Interviews ausreichend. Die Ergebnisse können zwar keine umfassende Imageanalyse ersetzen, aber Hinweise auf eventuell Fehleinschätzungen liefern.

Fit der Marketingkulturen
Wie bei Menschen sind auch zwischen Unternehmen Konstellationen denkbar, bei denen die Charaktere und Kulturen nicht harmonieren. Unterschiedliche Branchen und Unternehmensgrößen sind dabei weniger ein Problem als in-

kompatible Werte und Einstellungen. (Vergleiche Vilmar 2006, Seite 73.) Bei sehr unterschiedlichen Ansichten hinsichtlich Qualitätsstandards oder Kundenorientierung sind Konflikte in der weiteren Zusammenarbeit vorprogrammiert. Auch die Herangehensweisen können beim Marketing sehr unterschiedlich sein, beispielsweise werden die Entscheidungen bei einem Partner eher intuitiv getroffen und auf der anderen Seite wird das Marketing sehr analytisch und zahlenorientiert betrieben. Diese Unterschiede beim Marketingmanagement können jedoch durch einen externen Dienstleister abgefedert werden.

„Hier kann der externe Dienstleister ein wichtiger Puffer sein. Er kann beispielsweise die Schwächen im Marketing eines Partners gegenüber dem anderen abfedern."

Heinz-Jürgen Pick
Cross-Marketing-Berater

Um spätere Konflikte zu vermeiden, sollten beide Partner Ihre grundsätzlichen Werte und Einstellungen offen und ehrlich austauschen. Nur so lassen sich eventuell Unterschiede rechtzeitig erkennen und spätere Auseinandersetzungen vermeiden.

Kooperationserfahrung des Partners

Verfügen Sie über wenig Erfahrung im Bereich Cross-Marketing und arbeiten Sie auch nicht mit einem externen Dienstleister zusammen, sollten Sie einen Partner auswählen, der Erfahrungen im Kooperationsmarketing hat.

„Es ist hilfreich, wenn der Partner schon Erfahrungen mit Kooperationen hat, weil man den einen oder anderen Stolperstein, der in anderen Kooperationen aufgetaucht ist, umgehen kann. Von den Erfahrungen des Partners kann man nur profitieren."

Jens Bartusch
Produktmanager der Marke FRoSTA

Arbeiten zwei unerfahrene Partner zusammen, ist es sinnvoll einen externen Berater mit einzubeziehen. Beide können dann von den Erfahrungen des Dienstleisters profitieren.

Wille zur Kooperation

Erfüllen die potenziellen Partner alle bisherigen Auswahlkriterien, so ist nun auf beiden Seiten der Wille zur Kooperation entscheidend. Ein Cross-Marketing kann nur funktionieren, wenn beide Partner ein in etwa gleich großes Interesse an der Zusammenarbeit haben. Auch an diesem Punkt ist Offenheit und Ehrlichkeit entscheidend: Beide Seiten müssen ganz klar sagen, was sie von der Kooperation erwarten. Ist der Nutzen für einen der Partner gering, so wird sich die weitere Zusammenarbeit äußerst schwierig gestalten.

Ist auch dieses letzte Kriterium erfüllt, sollten Sie im nächsten Schritt gemeinsam mit Ihrem Partner ein Cross-Marketing-Konzept entwickeln. Diesen Aspekt möchten wir Ihnen im nächsten Kapitel genauer darstellen.

So entwickeln Sie gemeinsam mit Ihrem Partner ein Cross-Marketing-Konzept

Zu Beginn sollten Sie gemeinsam mit Ihrem Partner entscheiden, ob Sie die Konzeptentwicklung eigenständig oder mit einem externen Dienstleister durchführen wollen. Verfügen beide Partner über wenig Erfahrung im Cross-Marketing, ist ein externer Berater sinnvoll, denn er kann auf Aspekte hinweisen, die Sie übersehen haben, eigene Vorschläge beisteuern und die gesamte Konzeptentwicklung moderieren.

Konzeptentwicklung in einem Workshop

Zur Konzeptentwicklung bietet sich ein gemeinsamer Workshop an. Dieser kann eventuell von dem externen Berater vorbereitet werden. An dem Workshop sollten die wichtigsten Mitarbeiter der beiden Marketing- beziehungsweise Vertriebsabteilungen – insgesamt aber nicht mehr als zwölf Personen – teilnehmen. Die Mitarbeiter beider Partner können sich durch den Workshop kennen lernen, dies ist für den zukünftigen reibungslosen Ablauf der Kooperation von zentraler Bedeutung. Im Rahmen des Workshops sollte das gemeinsame Cross-Marketing-Konzept diskutiert und festgelegt werden. Dabei sind verschiedene Aspekte zu klären, die wir Ihnen im Folgenden näher darlegen.

Festlegung eines Ansprechpartners

Beide Seiten sollten einen Ansprechpartner bestimmen. Dies sind die beiden Pole der Cross-Marketing-Verbindung. Über sie läuft in erster Linie die Kommunikation zwischen den Partnern. Darüber hinaus sollten die Ansprechpartner vertretungsbefugt sein, das heißt, ihr Wort beziehungsweise ihre Unterschrift ist verbindlich. Bei längerfristigen

---

Die Auswahlkriterien beim Cross-Marketing auf einen Blick

- Qualität der persönlichen Beziehungen: Stimmt die persönliche „Chemie" zwischen den Verantwortlichen nicht, so ist eine vertrauensvolle und angenehme Zusammenarbeit kaum möglich.
- Zielgruppenfit: Die Zielgruppen sollten hinsichtlich einiger zentraler Merkmale Gemeinsamkeiten aufweisen. Bei zu großen Unterschieden würden die jeweiligen Zielgruppen die Kooperation als unpassend ansehen und ablehnen.
- Die Nutzenklammer zwischen den Marken: Die Cross-Marketing-Verbindung ist für den Verbraucher nur nachvollziehbar, wenn sich beide Marken durch ein gemeinsames Thema verbinden lassen.
- Imagefit: Die Kooperation ist für den Konsumenten nur glaubwürdig, wenn beide Markenimages einige gemeinsame Merkmale aufweisen.
- Fit der Marketingkulturen: Um spätere Konflikte zu vermeiden, sollten die Werte und Einstellungen der beiden Unternehmen zueinander passen.
- Kooperationserfahrung des Partners: Wenn Sie über wenig Erfahrung im Cross-Marketing verfügen, sollten Sie entweder einen erfahrenen Kooperationspartner auswählen oder mit einem externen Berater zusammenarbeiten.
- Wille zur Kooperation: Das Cross-Marketing wird nur erfolgreich sein, wenn beide Seiten ein in etwa gleich großes Interesse an der Kooperation haben.

Projekten empfiehlt es sich, dass beide Seiten einen Vertreter bestimmen.

Der Cross-Marketing-Initiator hat im Idealfall bereits zu Beginn der internen Vorbereitung (siehe den Anfang des 4. Kapitels) einen Verantwortlichen ernannt, er wird in der Regel auch der Ansprechpartner sein. Der nicht-initiierende Partner sollte spätestens im Vorfeld des Workshops einen Verantwortlichen bestimmen, der im weiteren Verlauf als Ansprechpartner fungiert.

Darlegung der Cross-Marketing-Ziele

Die Partner sollten im Vorfeld ihre jeweiligen Cross-Marketing-Ziele festlegen. Beim Workshop sollten nun beide Seiten ihre Ziele präzise darlegen. Die Ziele der Partner müssen nicht identisch sein. Unterschiedliche Ziele sind beim Cross-Marketing sogar die Regel, beispielsweise strebt ein Partner einen Imagetransfer an und der andere möchte seine Zielgruppe erweitern. Aber nur wenn beide Seiten wissen, was der andere von der Kooperation erwartet, kann das Cross-Marketing erfolgreich sein.

Definition einer gemeinsamen Cross-Marketing-Zielgruppe

Auf Basis der jeweiligen Ziele sollten Sie eine gemeinsame Cross-Marketing-Zielgruppe festlegen. Möchte beispielsweise Marke A durch die Kooperation seiner eigenen Zielgruppe einen Zusatznutzen bieten und Marke B will die Kundengruppe von Partner A erreichen, so wären die Kunden von Marke A die gemeinsame Cross-Marketing-Zielgruppe. Sie sollten die Zielgruppe so genau wie möglich beschreiben. Nur mit einer klaren Vorstellung über die Cross-Marketing-Zielgruppe können

Sie im weiteren Verlauf des Workshops zielgruppenspezifische Maßnahmen entwickeln.

Festlegung der Cross-Marketing-Maßnahmen

Sind beide Seiten vollkommen unvorbereitet, wird sich die Maßnahmen-Entwicklung äußerst langwierig und mühsam gestalten. Es ist jedoch auch nicht zweckmäßig, wenn einer der Partner dem anderen seine Vorstellungen diktiert und ihm keinen Platz für eigene Kreativität lässt. Im Idealfall hat der Initiator bereits ein Grobkonzept erstellt (vergleiche dazu den Anfang des Kapitels 4.), die genauen Maßnahmen werden aber von beiden Partnern gemeinsam entwickelt. Beide Seiten sollten also einen Input liefern, der über das bloße Ablehnen oder Zustimmen hinausgeht – es sollte ein proaktiver Austausch von Ideen stattfinden.

Bei der Entwicklung von Maßnahmen bietet ein Workshop den Vorteil, dass mehrere Personen aus unterschiedlichen Bereichen ihre Ideen einbringen und zur Diskussion stellen können.

Steigerung der Aufmerksamkeit durch die Kombination mehrerer Maßnahmen

Eine Vielzahl von möglichen Cross-Marketing-Maßnahmen ist im „Ideenguide" anhand von Beispielen aufgeführt. Um die Aufmerksamkeit Ihrer Zielgruppe zu steigern, sollten Sie verschiedene Maßnahmen miteinander kombinieren. In fast allen genannten Beispielen gibt es eine zentrale Maßnahme (zum Beispiel Product-Bundling), welche durch weitere Aktionen (zum Beispiel gemeinsame Werbung) ergänzt wird. Damit Ihr Cross-Marketing von möglichst vielen Kunden wahrgenommen wird, sollten Sie zudem versuchen den Handel mit einzubeziehen, zum Beispiel durch Sonderplatzierungen (Displays) oder Hinweisschilder.

Das Co-Branding zwischen FRoSTA und der Brigitte-Diät – ein gutes Beispiel für die Kombination mehrerer Maßnahmen

Die zentrale Maßnahme ist ein Co-Branding, bei dem diätgerechte Tiefkühlfertiggerichte gemeinsam auf den Markt gebracht und mit beiden Marken gekennzeichnet wurden. Darüber hinaus schalteten beide Partner gemeinsame Print-Anzeigen in der Brigitte (siehe Abbildung 16). Zudem wurde eine Broschüre am Point of Sale (POS) ausgegeben, in der die gemeinsamen Produkte abgebildet sind, ergänzt um die Nährwertangeben und ein kurze Erklärung. (Vergleiche dazu ausführlich das Interview mit Jens Bartusch.)

Alle Maßnahmen sollten zur Nutzenklammer passen

Die verschiedenen Maßnahmen sollten miteinander verbunden sein. Im Idealfall verfügen die Partnermarken über ein gemeinsames Thema – eine Nutzenklammer (siehe oben). Alle geplanten Maßnahmen sollten zu diesem gemeinsamen Thema passen. So erfüllen Sie Ihr Cross-Marketing mit Leben und die Kooperation wird für den Verbraucher nachvollziehbar.

Positivbeispiel Senseo und Schwartau

Senseo Kaffeepads und Schwartau „Extra Samt" wurden im Frühjahr 2006 zu einem vergünstigten Preis zusammen angeboten (Product-Bundling). Das gemeinsame Thema beider Marken war „Genießer-Frühstück". Um diese Nutzenklammer zu

Abbildung 16:
Gemeinsame Anzeige von FRoSTA und Brigitte Diät in der Brigitte

betonen und die Aufmerksamkeit für das Product-Bundling zu steigern, veranstalteten die Partnermarken zusätzlich ein Gewinnspiel, in dem unter anderem dreimal ein „Genießer-Frühstück" in Paris im Wert von 1.000 Euro verlost wurde. (Vergleiche dazu auch den Abschnitt „Product-Bundling" im „Ideenguide".)

> „Es ist wichtig, dass man die Zielgruppe auf verschiedenen Ebenen und an verschiedenen Orten anspricht, um auf das gemeinsame Thema […] hinzuweisen."
>
> Jens Bartusch
> Produktmanager der Marke FRoSTA

Überdenken Sie die geplanten Maßnahmen

In dem Workshop sollten Sie die vorgeschlagenen Maßnahmen zunächst offen und ehrlich diskutieren, um sich am Ende auf ein Maßnahmenpaket zu einigen. Anschließend empfiehlt es sich, dass beide Seiten die geplanten Maßnahmen mit etwas Abstand noch einmal überdenken. Sie sollten sich dabei folgende Frage stellen: „Können wir mit diesen Maßnahmen die gemeinsame Zielgruppe und unsere eigenen Cross-Marketing-Ziele erreichen?" Zudem sollten Sie die Maßnahmen hinsichtlich ihrer Realisierbarkeit überprüfen, hier sind vor allem die Kosten ein entscheidender Faktor.

Bei eventuell Unzufriedenheit auf einer oder auf beiden Seiten sollten Sie die geplanten Maßnahmen in einem zweiten Treffen noch einmal diskutieren und gegebenenfalls verändern. Nur wenn beide Partner mit dem Maßnahmenpaket zufrieden sind, sollten Sie die weiteren Schritte angehen.

Kalkulation und Aufteilung der Kosten

Die für die geplanten Maßnahmen anfallenden Kosten sollten Sie so genau wie möglich kalkulieren. Berücksichtigen Sie auch eventuell zusätzliche Kosten, zum Beispiel eine mögliche Erhöhung der Anzeigenpreise. Wurden in der Kalkulation Kosten übersehen, ist der spätere Konflikt vorprogrammiert. Schätzen Sie die Kosten eher ein wenig zu hoch als zu niedrig ein.

In der Regel werden die Kosten im Verhältnis 50:50 auf beide Partner verteilt. Es müssen aber nicht beide Seiten exakt denselben Betrag zahlen. Ist die Cross-Marketing-Aktion für eine Marke wichtiger als für die andere, so ist eine dementsprechende Aufteilung sinnvoll. Wenn die Cross-Marketing-Kosten nur einen geringen Teil der Marketingbudgets beider Partner ausmachen, werden die Kosten meist nur sehr grob aufgeteilt. Bei im Verhältnis zum Marketingbudget hohen Cross-Marketing-Kosten sollten Sie die Aufteilung der Kosten jedoch sehr präzise festlegen. In solchen Fällen ist auch zu berücksichtigen, welche Sach- oder Dienstleistungen eventuell von einem Partner erbracht werden und wie man sie berücksichtigt: Veranschlagt man beispielsweise den Verkaufs- oder Herstellungswert der Leistungen.

Um spätere Konflikte zu vermeiden, sollten Sie den Kostenaspekt in jedem Fall vor der Umsetzungsphase mit Ihrem Partner klären.

Aufteilung der Einnahmen

Durch einige Cross-Marketing-Maßnahmen entstehen direkte Einnahmen, die zwischen den Partnern aufzuteilen sind. Beim Cross-Selling sowie der Verkaufs- und Vertriebspartnerschaft erhält der jeweilige Leistungserbringer meist die gleichen Entgelte wie von seinen anderen Vertriebspartnern. Die Einnahmen beim Co-Branding, Ingredient-Branding, Product-Bundling und aus kostenpflichtigen Gewinnspielen sind so gerecht wie möglich zwischen den Partnern aufzuteilen. Entscheidend für die Aufteilung der Einnahmen sollte der Anteil des jeweiligen Partners an der gemeinsamen Leistung sein. Auch hier gilt dieselbe Grundregel wie bei der Aufteilung der Kosten: Je höher die Einnahmen sind, desto präziser und detaillierter sollten Sie die Verteilung der Einnahmen regeln.

Die Erstellung eines Umsetzungsplans

Nachdem Sie mit Ihrem Partner konkrete Maßnahmen festgelegt sowie Kosten und eventuell Einnahmen aufgeteilt haben, ist nun die Umsetzungsphase zu planen. Dafür sollten Sie die anfallenden Aufgaben auflisten und zu sogenannten Arbeitspaketen zusammenfassen.

Im zweiten Schritt ist ein konkreter Umsetzungsplan zu erstellen. Legen Sie fest, welche Arbeitspakete bis zu welchem Zeitpunkt erledigt werden müssen. Solche Umsetzungspläne lassen sich am besten durch eine Rückwärtsplanung erstellen: Vereinbaren Sie zunächst mit Ihrem Partner, zu welchem Termin die gemeinsame Cross-Marketing-Aktion starten soll. „Wann kommt beispielsweise das Product-Bundle in den Handel oder ab welchem Zeitpunkt soll die gemeinsame Werbung geschaltet werden?" Ausgehend von diesem Termin können Sie dann errechnen bis zu welchem Zeitpunkt die verschiedenen Aufgaben erledigt sein müssen. „Wann muss zum Beispiel die gemeinsame Anzeige fertig gestaltet sein?" Planen Sie für jede Aufgabe einen Zeitpuffer ein, so dass

Ihr Umsetzungsplan auch bei eventuell Verzögerungen weiterhin funktioniert.

Die Verteilung der Aufgaben

Nach der Erstellung des Umsetzungsplans, sind nun die Arbeitspakete zu verteilen. Sie können die verschiedenen Aufgaben zwischen den beiden Partnern aufteilen oder einen externen Dienstleister mit der kompletten Umsetzung beauftragen. (In diesem Fall wird dann auch der oben beschriebene Umsetzungsplan zusammen mit dem externen Dienstleister erstellt.) Ein Dienstleister kann auch bestimmte Teilaufgaben übernehmen. Beispielsweise wird die Gestaltung und Herstellung von Anzeigen oder TV-Spots meist an eine Werbeagentur abgegeben. In jedem Fall sollten die wichtigsten Entscheidungen von beiden Partnern gemeinsam getroffen werden.

Neben der Aufgabenverteilung ist auch zu regeln, wie Sie mit Ihrem Partner während der Umsetzungsphase den Kontakt halten. In der Literatur wird häufig ein gemeinsames Projektteam vorgeschlagen, welches sich regelmäßig trifft, den Fortgang der Umsetzung bespricht, die zentralen Entscheidungen gemeinschaftlich trifft und eventuell Probleme diskutiert. (Vergleiche unter anderem Vilmar 2006, Seite 110.) Ein solches Projektteam ist jedoch sehr zeitaufwendig und daher eher idealtypisch. Es ist meist vollkommen ausreichend, wenn sich die Ansprechpartner beider Seiten (siehe oben) regelmäßig über den Status der Umsetzung informieren, die wichtigen Entscheidungen treffen und Probleme ansprechen. Dies kann durch Treffen, Telefonate oder E-Mails geschehen.

Nachdem Sie mit Ihrem Partner ein Cross-Marketing-Konzept entwickelt und die zuvor aufgeführten Aspekte geklärt haben, sollten Sie einen Vertrag abschließen. Diesen juristischen Bereich des Cross-Marketings erläutern wir Ihnen im folgenden Unterkapitel.

Die Entwicklung eines gemeinsamen Cross-Marketing-Konzeptes auf einen Blick

Zur Konzeptentwicklung bietet sich ein gemeinsamer Workshop an. Dabei sollten Sie folgende Aspekte klären:

■ Beide Seiten sollten einen Ansprechpartner bestimmen. Die Ansprechpartner sind vertretungsbefugt und über sie läuft in erster Linie die Kommunikation zwischen den Partnern.

■ Beide Partner sollten ihre jeweiligen Cross-Marketing-Ziele präzise darlegen.

■ Definieren Sie eine gemeinsame Cross-Marketing-Zielgruppe.

■ Legen Sie die konkreten Cross-Marketing-Maßnahmen fest. Sie sollten mehrere Maßnahmen miteinander kombinieren und alle Maßnahmen sollten zu einem übergeordneten Thema (Nutzenklammer) passen.

■ Nachdem Sie sich auf ein Maßnahmenpaket geeinigt haben, sollten beide Partner die geplanten Maßnahmen überdenken. Gegebenenfalls sind die Maßnahmen zu verändern.

■ Kalkulieren und verteilen Sie die entstehenden Kosten sowie eventuelle Einnahmen.

■ Erstellen Sie einen Umsetzungsplan und verteilen Sie die Aufgaben auf die Partner und den externen Dienstleister.

So gestalten Sie den Vertrag – was alles schriftlich fixiert werden sollte

An dieser Stelle geht es um die rechtlichen Aspekte des Cross-Marketings. Uns Marketingleuten liegt es ja viel mehr, in Chancen zu denken: Neue Partner ausfindig zu machen, mit denen sich ideal zusammenarbeiten lässt, weil Zielgruppe A besser erschlossen und das Image in Dimension B unbedingt gestärkt werden muss. Man hat, ohne dass es einem vielleicht bewusst ist, die rosarote Brille auf.

Allerdings kann es im Laufe einer Marketingkooperation zu den verschiedensten Streitfällen kommen, beispielsweise wer zusätzlich anfallende Kosten übernimmt oder wer bei wettbewerbswidriger Werbung haftet? Die Marketingverantwortlichen wollen häufig zu Beginn eines Cross-Marketings von solchen Problemen nichts hören. Doch aus juristischer Sicht ist es unbedingt notwendig, mögliche Streitpunkte gleich am Anfang vertraglich zu regeln, damit sich die Parteien während der Kooperation nicht in die Haare bekommen.

Hier kommen die Juristen ins Spiel. Es ist an ihnen, die beiden Welten bestehend aus dem drögen Paragraphendschungel und dem schillernden Big Picture der kreativen Marketingleute zusammenzubringen. Sie müssen alle Eventualitäten abklopfen und die Absichten beider Seiten in ein Vertragswerk gießen.

Im Folgenden möchten wir Sie für die möglichen Fallstricke des Cross-Marketings sensibilisieren und vertragliche Möglichkeiten aufzeigen, um diese Risiken zu minimieren.

Am Schluss dieses Abschnitts befindet sich ein Interview mit Rechtsanwalt Eckard Nachtwey, in dem sämtliche juristischen Aspekte detailliert erörtert werden. Die juristischen Informationen in diesem Unterkapitel basieren auf den Ausführungen von Herrn Nachtwey. Allerdings können weder das folgende Kapitel, noch das anschließende Interview eine individuelle Rechtsberatung für Ihr konkretes Cross-Marketing-Projekt ersetzen.

Da jede Cross-Marketing-Verbindung anders ist, muss der Vertrag immer individuell ausgearbeitet werden; es gibt keinen Mustervertrag. Sie sollten Ihren Vertrag in jedem Fall von einem Juristen aufsetzen oder zumindest überprüfen lassen.

Die zentralen Bestandteile des Cross-Marketing-Vertrags

Die im Rahmen des Konzeptes (vergleiche dazu das vorherige Unterkapitel) ausgehandelten Aspekte sind in dem Vertrag schriftlich zu fixieren. Neben den jeweiligen Ziele, der gemeinsame Cross-Marketing-Zielgruppe und den Vertragsparteien sollten die geplanten Maßnahmen, die Aufgaben beider Partner und die Verteilung der Kosten sowie eventuell Einnahmen festgehalten werden. Zudem ist zu fixieren, wer auf beiden Seiten vertretungsbefugt ist, also wessen Wort beziehungsweise Unterschrift verbindlich ist.

So können Sie die gegenseitige Nutzung der Marken regeln

Bei fast allen Cross-Marketing-Formen werden wechselseitig die Marken des jeweiligen Partners genutzt. Beispielsweise wird die Partnermarke häufig auf der eigenen Homepage abgebildet. Allerdings könnte der Partner Ihre Marke auch im Rahmen nicht vereinbarter Maßnahmen nutzen, er platziert Ihre Marke beispielsweise entgegen der Absprache in seiner gesamten Kommunikation und damit auch in Medien, in denen Sie Ihre Marke nicht sehen wollen.

Haben Sie die Nutzung der Marken nicht explizit vertraglich geregelt, können Sie Ihrem Partner diese unerwünschte Markennutzung juristisch nur schwer untersagen. Um rechtlich auf der sicheren Seite zu sein, sollten Sie Folgendes vertraglich festlegen: Verfügt einer der Partner über mehrere Marken, sollte man sehr präzise vereinbaren, welche Marke für das gemeinsame Cross-Marketing verwendet werden darf – alle anderen sind dann ausgeschlossen. Sie können die Markennutzung auch auf bestimmte Gebiete (zum Beispiel Nielsen-Gebiete) beschränken. Zudem sollten Sie genau die Medien festlegen, in welchen der Partner mit Ihrer Marke werben darf. Hält sich Ihr Partner nicht an die vertraglichen Beschränkungen, verstößt er gegen das Markenrecht und Sie können ihn auf Unterlassung in Anspruch nehmen.

Um einen eventuell Streitfall schnell zu lösen, ist aus juristischer Sicht eine präzise Festlegung der gegenseitigen Markennutzung notwendig. An diesem Punkt müssen Sie abwägen, ob Sie sich so gut wie möglich juristisch absichern wollen oder auf eine harmonische Zusammenarbeit vertrauen und daher auf solche aufwendigen vertraglichen Regelungen der Markennutzung verzichten können.

Das ist bei den Kündigungsregelungen zu beachten

Hinsichtlich der Kündigungsregelungen ist zwischen kurz- und langfristigen Kooperationen zu unterscheiden: Kurzfristige Cross-Marketing-Verbindungen (zum Beispiel ein gemeinsames Event oder ein Gewinnspiel) sind zeitlich begrenzt und enden nach der gemeinsamen Aktion. Bei langfristigen Cross-Marketing-Verbindungen ist zu Beginn meist nicht abzusehen, wie lange Sie die Kooperation mit Leben füllen können. Daher wird bei langfristigen Verbindungen aus juristischer Sicht eine Laufzeit von maximal zwölf Monaten empfohlen. Nach dem Ende des Vertrages sollten sich beide Seiten wieder zusammensetzen und über eine Verlängerung verhandeln. Kommt es zum Beispiel bei Ihrem Partner zu einem Skandal und damit zu einer massiven Imageverschlechterung, so kann dies auch auf Ihre Marke durchschlagen. Für solche Fälle sollte die Möglichkeit einer außerordentlichen Kündigung vorhanden sein. Es ist jedoch sehr schwierig die außerordentlichen Kündigungsgründe vorab genau zu bestimmen.

So können Sie Haftungsrisiken beim Cross-Marketing minimieren

Grundsätzlich können zwei Haftungsfälle eintreten: entweder durch wettbewerbswidriges Verhalten oder durch fehlerhafte Produkte (Produkthaftung). Ist beispielsweise die gemeinsame Werbung wettbewerbswidrig, so können beide Parteien abgemahnt und auf Unterlassung in Anspruch genommen werden. Nun müssten sich die Partner einigen, wer die Kosten trägt. Um dieses Haftungsrisiko zu umgehen, ist es sinnvoll in den Vertrag eine Verpflichtung mit aufzunehmen, die besagt, dass ein Jurist die gesamte gemeinsame Kommunikation auf wettbewerbsrechtliche Konformität hin überprüft.

Verursacht ein fehlerhaftes Produkt Schäden für Leib und Leben oder an materiellen Gütern, so haftet derjenige, dessen Produkt ursächlich ist. Wird im Rahmen des Cross-Marketings eine gemeinsame Leistung auf den Markt gebracht (Co-Branding, Ingredient-Branding oder Product-Bundling), würde bei einem fehlerhaften Produkt der Anwalt des Geschädigten immer versuchen, beide Partner auf Schadensersatz beziehungsweise Schmerzensgeld zu verklagen. In solchen Fällen ist eine Haftungsfreistellung sinnvoll: Werden beide zu einer Zahlung an den Geschädigten verurteilt, muss derjenige der für den Schaden verantwortlich ist, seinen Partner freistellen, das heißt, den gesamten Schaden begleichen.

Ohne Vertrag besteht gemeinschaftliche Haftung

In der Praxis wird teilweise gänzlich auf einen Cross-Marketing-Vertrag verzichtet. In diesem Fall bilden die Partner automatisch eine Offene Handelsgesellschaft, kurz OHG. (In der Literatur wird manchmal behauptet, ohne Vertrag würde eine Gesellschaft bürgerlichen Rechts – kurz GbR – gebildet. Eine GbR ist zwar ebenfalls auf Gewinnerzielung ausgerichtet, aber nicht auf gewerbliche Gewinnerzielung. Da es beim Cross-Marketing immer um gewerbliche Tätigkeiten geht, handelt es sich um eine OHG.) Eine OHG bedeutet unbeschränkte, gesamtschuldnerische Haftung. Daher ist allein wegen möglicher Produkthaftungsfälle der Abschluss eines Vertrages mit einer Haftungsfreistellung ratsam.

Die Vor- und Nachteile eines Wettbewerbsverbotes

Abschließend sei auf zwei weitere Risiken beim Cross-Marketing hingewiesen: Der Partner könnte Ihre Informationen nutzen, zum Beispiel die Kundendaten, um selbst in Ihren Markt einzutreten.

> *„Wie wäre es, wenn ein Lebensmittelunternehmen mit Nestlé zusammenarbeitet? Nestlé ist ein Großkonzern für Lebensmittel, der sich Jahr für Jahr um gewisse Geschäftsbereiche erweitert. Wenn man dann Nestlé bestimmte Daten über sein eigenes Marktumfeld gibt, besteht die Gefahr, dass Nestlé die Informationen nutzt, um eventuell auch in dieses Marktsegment zu gehen"*
>
> *Eckard Nachtwey*
> *Rechtsanwalt*

Es ist auch möglich, dass Ihr Partner das gemeinsame Cross-Marketing-Konzept nach der Zusammenarbeit etwas abgeändert mit einem Ihrer Wettbewerber weiterführt. Das Konzept ist nämlich nur in seiner konkreten Ausgestaltung über das Urheberrecht geschützt. Die dahinter stehende Idee ist frei. Beide möglichen Szenarien sind für den Betroffenen äußerst ärgerlich. Dieses Risiko können Sie durch ein Wettbewerbsverbot vermeiden. Ein Wettbewerbsverbot besagt, dass die Partner während und auch eine bestimmte Zeit nach der Kooperation – zum Beispiel zwei Jahre lang – nicht in das Marktsegment des jeweils anderen eintreten und auch nicht mit den Konkurrenten des jeweiligen Partners in ähnlicher Wiese kooperieren dürfen. Ein solches Wettbewerbsverbot ist jedoch sehr unbeliebt, da es die zukünftigen Handlungsspielräume beider Partner einschränkt. Auch an diesem Punkt müssen Sie zwischen einer Risikominimierung und dem Vertrauen zu Ihrem Partner abwägen.

Nachdem Sie den Vertrag ausgehandelt und unterschrieben haben, ist nun das gemeinsame Konzept umzusetzen. Im folgenden Abschnitt möchten wir Ihnen die wichtigsten Aspekte des Partnermanagements während und nach der Umsetzungsphase darstellen.

Die Vertragsgestaltung beim Cross-Marketing auf einen Blick

Der Vertrag sollte immer von einem Juristen erstellt oder zumindest überprüft werden. Folgende Aspekte sind bei einem Cross-Marketing-Vertrag zu berücksichtigen.

- Fixieren Sie in dem Vertrag die zuvor vereinbarten Ziele, die Cross-Marketing-Zielgruppe, die geplanten Maßnahmen, die Aufgabenverteilung, die Verantwortlichen beider Seiten sowie die Aufteilung der Kosten und eventuell Einnahmen.

- Um spätere Probleme zu vermeiden, können Sie die wechselseitige Markennutzung auf bestimmte Marken, Gebiete und Medien beschränken.

- Die Laufzeit eines Cross-Marketing-Vertrages sollte nie länger als zwölf Monate sein. Sie sollten zudem Regelungen zur außerordentlichen Kündigung treffen.

- Um Haftungsrisiken zu vermeiden, sollten Sie festlegen, dass ein Jurist die gesamte gemeinsame Kommunikation auf wettbewerbsrechtliche Konformität hin überprüft.

- Um die gemeinschaftliche Haftung bei fehlerhaften Produkten Ihres Partners zu vermeiden, sollten Sie eine Haftungsfreistellung vereinbaren.

- Durch ein Wettbewerbsverbot können Sie verhindern, dass Ihr Partner in Ihren Markt eindringt oder das gemeinsame Konzept mit einem Ihrer Wettbewerber weiterführt.

Im Gespräch mit
Rechtsanwalt Eckard Nachtwey

Herr Nachtwey, beschreiben Sie bitte die juristischen Fachgebiete Ihrer Kanzlei und wo Ihre persönlichen Schwerpunkte liegen.

Von Ahsen, Nachtwey und Kollegen ist eine Kanzlei von Rechts- und Patentanwälten. Unsere Schwerpunkte sind die technischen Schutzrechte, Marken, Geschmacksmuster, sowie Wettbewerbs- und Urheberrecht. Meine Tätigkeitsschwerpunkte liegen im Bereich Marken-, Wettbewerbs- und Urheberrecht sowie in der streitigen Durchsetzung von Ansprüchen aus den zuvor genannten Schutzrechten. Dazu gehören auch Patente, da Patentanwälte bislang nicht allein vor Zivilgerichten auftreten dürfen.

Wie sollte man sich bei den ersten Kontakten verhalten?
Es besteht ja durchaus die Gefahr, schon in dieser Phase wichtige Informationen preis zu geben.

Um Probleme zu vermeiden, sollte immer von Anfang an eine Geheimhaltungsvereinbarung geschlossen werden. Darüber hinaus ist zu bedenken, welche Daten an den potenziellen Partner weitergegeben werden. Alle Daten, die sich auf mein bisheriges Marketing beziehen, sollte ich nur dann weitergeben, wenn ich mir sehr, sehr sicher bin, dass mein Vertragspartner nicht selber in diesen Bereich geht. Denn nichts ist ärgerlicher als im Rahmen des Cross-Marketings meinem Partner zu zeigen, wie lukrativ der Bereich ist, in dem ich arbeite; indem ich ihm zum Beispiel meine Kundendaten gebe und er dann ganz einfach hineinkommt. Zu Beginn sollten nur so viele Informationen heraus gegeben werden, dass das Interesse des potenziellen Partners geweckt wird.
Darüber hinaus müssen Sie prüfen, wie gut ihr Produkt geschützt ist. Im Dienstleistungssektor hat man beispielsweise meist kein geschütztes Produkt, sondern nur eine Marke. In solchen Fällen sollte man vorsichtig sein und dementsprechend nur wenige Informationen über das eigene Produkt preisgeben.

Aus Sicht der Marketingverantwortlichen stellt das einen Zielkonflikt dar. Auf der einen Seite sollen Cross-Marketing-Maßnahmen sehr zielgruppengenau ausgerichtet sein, auf der anderen Seite sollen aus Risikogründen möglichst wenig Kundendaten rausgegeben werden.

Sie haben vollkommen Recht, es ist ein klassischer Zielkonflikt, den man als Jurist nur in der einen oder anderen Richtung lösen kann. Man kann sagen, es wird nichts rausgegeben, alles unterliegt der Geheimhaltung, die Daten sind nach Beendigung der Kooperation auch wieder zurückzugeben und ich vereinbare dann eventuell sogar noch ein Wettbewerbsverbot. Ein solches Wettbewerbsverbot besagt beispielsweise, dass die Partner vor, während und auch eine bestimmte Zeit nach Beendigung der Kooperation, zum Beispiel zwei Jahre lang, nicht in dem Marktsegment des jeweils anderen tätig sein dürfen. Um zu verhindern, dass der Partner, wenn alles gut gelaufen ist, dann den nächsten Partner nimmt, kann in dem Wettbewerbsverbot auch festgeschrieben werden, dass eine ähnliche Cross-Marketing-Maßnahme zukünftig nicht mit einem Wettbewerber des jeweiligen Partners durchgeführt werden darf. Ein solches Wettbewerbsverbot will natürlich keiner haben, da man dadurch seine zukünftigen Handlungsspielräume einschränkt.

Wie sollten diese Aspekte formell festgehalten werden?

Ich halte es für sehr wichtig, auch wenn es keine zwingenden Vorschriften aus dem Zivilrecht gibt, die anzuwenden wären, von Anfang an den Inhalt von Gesprächen mit einem Gesprächsvermerk festzuhalten und dann auch die wichtigen Dinge dem Partner, ich nenne das immer „der guten Ordnung halber", zu bestätigen. Also indem man beispielsweise schreibt: „… bestätigen wir die wesentlichen Punkte aus dem Telefonat der guten Ordnung halber nachfolgend …".

Auch in der weiteren Vorbereitung erachte ich es immer für sehr wichtig, die Vereinbarungen schriftlich festzuhalten. Ich weiß, dass oftmals der Wunsch besteht, möglichst wenig schriftlich zu machen, möglichst nur per E-Mail. E-Mail ist zwar gang und gäbe, gerade im Marketing, weil es so schön schnell geht. Aber man kann eine E-Mail im Nachhinein ohne weiteres abändern. Der Beweiswert eines Faxes ist sehr viel höher als der Ausdruck eines elektronischen Dokumentes.
Ich empfehle, nachdem man das Interesse des Partners geweckt hat, wie gesagt recht zügig eine Geheimhaltungsvereinbarung zu schließen, gegebenenfalls auch einen Letter of Intent.

Haben sich die beide Seiten für eine Kooperation entschieden, wie sollte dann ein Cross-Marketing-Vertrag aussehen?

Die Crux bei derlei Verträgen besteht nach unserer Auffassung darin, möglichst präzise Vorgaben sowie eine präzise Beschreibung der Cross-Marketing-Ziele von den Vertragsparteien zu bekommen. Dies veranlasst dann den Juristen in einer Präambel möglichst genau den Status Quo festzuhalten, also was die Parteien machen und wo sie gemeinsam hinkommen wollen. Dann kommt die Kardinalaufgabe, nämlich die Hauptleistungen zu beschreiben: Welche Partei verpflichtet sich im Rahmen der Zusammenarbeit zu welchen Leistungen? Will man beispielsweise eine Werbeagentur beauftragen: Wer kann der Agentur dann Weisungen erteilen – dürfen das nur beide Parteien zusammen? Hiermit ist auch immer die Frage verbunden: Wer ist weisungsbefugt? Man muss also immer jemanden bestimmen, der den „Hut auf" hat. Das muss nicht immer der Geschäftsführer sein, es kann auch irgendjemand anderes sein. Es muss allerdings im Vertrag festgeschrieben werden, dass diese Person alleine bestimmen darf, also vertretungsbefugt ist und damit seine Unterschrift in Bezug auf die Abwicklung der vertraglichen Ansprüche verbindlich ist. Bei größeren Projekten sollte auch ein Vertreter bestimmt werden, so dass man nicht vier Wochen warten muss, nur weil jemand gerade in Südamerika ist.

Ganz entscheidend ist auch eine Zuordnung der Kosten. Nach unserer Erfahrung ist es so, dass man am Anfang ganz glücklich ist und sich über alles einigt. Aber eigentlich wird nicht wirklich eine schriftliche Einigung herbeiführt für den Fall, dass es nicht so effektiv läuft wie gedacht und man zum Beispiel weitere Maßnahmen nachschieben möchte. Gerade wenn man dann eine Disproportion zwischen den Partnern hat, wird der kleinere im Zweifelsfall sagen: „Nee, nee, das kann ich mir derzeit nicht leisten". Solche Eventualitäten sollten schon am Anfang vertraglich geregelt werden. Es ist eine nicht geliebte Tätigkeit der beteiligten Parteien, gleich zu Beginn genau die Kostenübernahme zu definieren – doch das ist eine Aufgabe, die auch der Anwalt nicht übernehmen kann. Ich habe die Erfahrung gemacht, dass die sehr präzise ausgehandelten Verträge eine sehr große Chance haben zu überleben und dass sich die Parteien nicht hinterher in die Haare bekommen. Wenn man den Kostenpunkt offen lässt, nach dem Motto „darüber einigen wir uns später", geschieht dies, weil sich beide in dem Moment „vertragen" wollen. Aber alles, was man auf einen späteren Zeitpunkt verschiebt, stellt ein latentes Risiko dar. Sind beispielsweise die Kostenvoranschläge für Anzeigenpreise nicht mehr aktuell, empfiehlt sich die Aufnahme einer Klausel, welche besagt, dass man sich die zusätzlichen Kosten im Verhältnis X zu Y teilen wird. Alternativ kann auch ein Kündigungsrecht für einen solchen Fall vereinbart werden.

Wie sollten eventuell Einnahmen vertraglich geregelt werden?

Im Normalfall werden die Einnahmen nach dem Anteil aufgeteilt, den jedes Unternehmen an dem Cross-Marketing-Bundle – wie ich es mal nennen möchte – hat. Bei davon abweichenden Konstellationen, zum Beispiel der Durchführung von kostenpflichtigen Gewinnspielen am Telefon oder Handy, wäre ein bestimmter Schlüssel zu vereinbaren. Zunächst ist jedoch festzulegen, wie hoch der Ertrag überhaupt ist. Man muss also sehr präzise festhalten, in welcher Höhe Einnahmen abzüglich der Aufwendungen anfallen und wie diese Einnahmen aufgeteilt werden.

Bei fast allen Cross-Marketing-Formen werden wechselseitig die Marken des jeweiligen Partners verwendet. Wie sollte die gegenseitige Nutzung der Marken vertraglich geregelt werden?

Ich halte es für zwingend erforderlich, das so präzise wie möglich zu regeln. Da Marken Ausschlussrechte sind, sollte man sehr präzise bestimmen, welche Marken in welchem Umfang im Rahmen des Cross-Marketing genutzt werden dürfen. Ich halte es für sinnvoll, nicht den Vertrag damit aufzublähen, sondern eher zu formulieren: „siehe Anlage 1, das sind die Marken des Vertragspartners A und Anlage 2, das sind die Marken des Vertragspartners B, die in dieser gemeinsamen Cross-Marketing Maßnahme verwendet werden dürfen." Alle anderen Verwendungen außerhalb dieser Maßnahme sind dann ausgeschlossen.

Von Anfang an muss man den räumlichen Geltungsbereich festlegen, in dem die Marken im Rahmen des Cross-Marketings genutzt werden dürfen. Die Marke ist ein Ausschlussrecht und ich darf bestimmte Terretorrienen festlegen, in denen sie verwendet werden darf, zum Beispiel auch bestimmte Nielsen-Gebiete. Natürlich muss auch der Zeitlauf bestimmt werden, also wie lange der Partner die eigene Marke nutzen darf. Da diese Cross-Marketing-Maßnahmen sehr dynamische Prozesse sind, würde ich einen Vertrag nie über die Dauer von zwölf Monaten hinaus abschließen. Es kann ohne weiteres vorgesehen werden, dass die beiden Vertragspartner sich zum Ende der Laufzeit wieder zusammensetzen und den Vertrag verlängern. Aber ich würde keine solche Regelung vorschlagen, die vorsieht „Vertragslaufzeit zwölf Monate und soweit die Vertragsparteien nicht kündigen, läuft der Vertrag weiter".

Wie lässt sich die Nutzung der Marken auf bestimmte Medien in der Kommunikationspolitik beschränken?

Man kann im Vertrag sehr präzise festlegen, wo der Partner mit meiner Marke welche Werbung betreiben darf. Hält sich der Vertragspartner nicht an die Beschränkungen, verstößt er gegen das Markenrecht und ich kann ihn auf Unterlassung in Anspruch nehmen. Es ist meines Erachtens immer der alte Grundsatz heranzuziehen, den man in der Ausbildung lernte, wenn man Notar werden wollte: Man sitzt zwei jungen, verliebten Menschen gegenüber, die sich heiraten wollen. Dass man als Notar dann immer sagen muss: „Bitte denken Sie daran, Sie könnten sich nicht mehr verstehen – wie kommen Sie dann auseinander?" Beide haben die rosa Brille auf und alles sieht toll aus. Es ist dann der Part des Juristen gleich von Anfang an zu stänkern und darauf hinzuweisen, was alles passieren kann. Das auf Ihre Frage zurückgebracht heißt: Ich muss so präzise wie nur eben möglich sagen, dass mein Vertragspartner zum Beispiel auf seiner Homepage mit meiner Marke werben darf, er darf auch in Printmedien werben, sie legen aber genau fest, in welchen Printmedien. Sie haben beispielsweise eine ganz auf die Familie ausgerichtete Marke, da wollen Sie die Marke bestimmt nicht in einer Werbung im Playboy wieder finden.

Sie würden sogar die einzelnen Titel im Vertrag festlegen?

Es ist kleinkariert, ganz bestimmt. Nur am Ende des Tages kann der Partner sonst sagen: „Das ist doch nirgendwo geregelt. Ich habe nur meine Rechte genutzt und du hast es mir halt nicht untersagt." Es ist äußerst schwierig, diese Sache hinterher wieder geradezubiegen.

Was ist zu beachten, wenn beim Cross-Marketing mehr als zwei Partner beteiligt sind?

Ein Cross-Marketing-Vertrag sollte möglichst nur zwei Vertragspartner haben. Denn ein Vertrag der mehrere Partner unter einen Hut bringt, ist immer problematisch. Wenn ich mit einer der Parteien Probleme habe, muss ich dann gegenüber allen Partnern kündigen. Ein Cross-Marketing Vertrag mit mehr als zwei Parteien zu schließen, stellt aus meiner Sicht eine Potenzierung der Probleme dar.

Sie hatten vorhin schon erwähnt, dass die Laufzeit eines Cross-Marketing-Vertrages nicht länger als zwölf Monate sein sollte. Könnten Sie das bitte noch einmal genauer erläutern und in diesem Zusammenhang vielleicht auch etwas über Kündigungsregelungen ausführen.

Nehmen wir ein Beispiel: Sie kooperieren mit Daimler-Benz und wir versetzen uns in die Zeit zurück als die A-Klasse von Daimler beim Elchtest umkippte. Dann möchten Sie plötzlich mit Daimler nichts mehr zu tun haben, weil das Negativimage der Mercedes A-Klasse auch auf Sie durchschlägt. Aus dieser Überlegung heraus sollte man auf kurze Fristen achten, also nicht länger als zwölf Monate. Zudem sollte die Möglichkeit einer ordentlichen Kündigung vorgesehen sein, dass man kurzfristig aus dem Vertrag herauskommen kann. Darüber hinaus sollten Regelungen zur außerordentlichen Kündigung enthalten sein. Es ist jedoch immer sehr schwierig, die außerordentlichen Kündigungsgründe zu bestimmen. Wann liegt zum Beispiel eine negative Beeinträchtigung des Images einer Marke vor?

Für die Marketingverantwortlichen ist es natürlich von großem Interesse, den Erfolg eines Cross-Marketing-Projektes zu erfassen. Wie kann man diesen Aspekt im Vertrag aufnehmen?

Zum Thema Erfolgsmessung kann ich ihnen als Jurist im Detail keine weiterhelfende Antwort geben. Wir können nur versuchen, die von den Marketingverantwortlichen gegebenen Ziele zu fassen, indem man zum Beispiel festlegt, dass ein Prozentsatz X beim Bekanntheitsgrad erreicht werden muss. Man kann dann vorsehen, dass bei Zielerreichung der Vertrag fortgesetzt wird und bei Zielabweichungen beide Seiten nachbessern müssen. Das ist natürlich immer davon abhängig, was für eine Marketingmaßnahme sie vorhaben. Wird beispielsweise ein Gewinnspiel per Telefon durchgeführt: Wie misst man dann den Erfolg? In Anruferzahlen, in Umsatzzahlen – was ist sinnvoll? Imageziele sind ein besonderes

Problem. Ich liebe diese Vertragsentwürfe, die von der Werbeagentur kommen, in denen dann steht: „Schärfung des Markenprofils". Wenn sie jemandem aus dem Marketing darauf ansprechen, wird er der Ihnen antworten: „Klar, Schärfung des Markenprofils, das sagt mir was. Ich will meine Marke klarer von den Konkurrenzmarken abgrenzen." Aber wenn sie dann im Prozess stehen und die Frage erörtern: Ist die Schärfung des Markenprofils mit der Maßnahme erreicht worden oder nicht, dann ist es mit solch schwammigen Formulierungen unheimlich schwierig.

Es ist eine der Hauptschwierigkeiten, die Ziele so präzise wie möglich zu formulieren. Es muss eine Zielgröße sein, die man überprüfen kann, zu der man als Jurist begeistert sagen kann: „Gut, damit können wir zu Gericht gehen, um etwas durchzusetzen."

Welche Haftungsfälle gibts es beim Cross-Marketing?

Wenn sich beide Parteien auf eine Werbung einigen, die grob wettbewerbswidrig ist, zum Beispiel übertriebenes Anlocken: Man bietet die beiden Produkte zu einem traumhaft günstigen Preis an und bewirbt dies in einem Wochenendblatt, welches am Samstagabend verteilt wird und sagt noch obendrein: „Dieses Angebot gilt nur diesen Sonntag". Das ist immer wettbewerbswidrig, weil der Konsument am Sonntag keine Möglichkeit hat, die Preise mit anderen Produkten zu vergleichen. Als Gegner würde ich natürlich beide abmahnen und auf Unterlassung in Anspruch nehmen. Die beiden Parteien müssen sich nun über die Kostentragung einigen. Deswegen erachte ich es für sinnvoll, im Vertrag eine Verpflichtung aufzunehmen, dass die Parteien entweder durch ihre Justiziare oder durch einen Dritten das Werbekonzept und auch die einzelnen Werbemaßnahmen dahingehend überprüfen lassen, ob sie wettbewerbsrechtlich konform sind. Darüber hinaus sollte nichts beworben werden, ohne sich die vorherige Freigabe des Partners einzuholen. So habe ich in diesem Bereich schon möglichst geringe Haftungsrisiken. Ein weiterer Haftungsfall kann durch Schäden, die durch das Produkt entstehen, eintreten. Also Schäden für Leib und Leben und an materiellen Gütern. Bei der Produkthaftung wäre es so, dass derjenige haftet, dessen Produkt fehlerhaft ist. Aber als Vertreter des Geschädigten würde man natürlich versuchen, das Ganze so darzustellen, dass hier zwei Hersteller von zwei Produkten eine Haftungsgemeinschaft eingegangen sind. Und da würde ich natürlich immer versuchen, beide vor den Kadi zu zerren, damit ich eine größere Haftungssumme beziehungsweise ein größeres Haftungssubjekt habe. Grundsätzlich bleibt die Haftung an beiden Parteien hängen.

Kann die Haftung auf einen Partner beschränkt werden?

Es gibt die Möglichkeit, dass sich beide Partner gegenseitig eine Haftungsfreistellung geben. Also, wenn eine Partei abweichend von der freigegebenen Werbung etwas unternimmt, dann würde das gehen. Auch bei der Produkthaftung ist eine solche Haftungsfreistellung sinnvoll.

Der Datenschutz wäre das nächste Thema, welches uns interessiert. Was ist bei der Weitergabe von Kundendaten zu beachten?

Es gelten zunächst einmal die Anforderungen nach dem Bundesdatenschutzgesetz. Bezüglich personenbezogener Daten stellt sich die Frage, ob sie auf zulässige Weise erhoben wurden. Auch die Weitergabe ist nur unter bestimmten Voraussetzungen zulässig. Ich will an dieser Stelle nicht die genauen Anforderungen des Bundesdatenschutzgesetzes ausführen, aber darauf sollte man schon achten.

Gibt es die Möglichkeit, wenn die Aktion beendet ist, das bestehende Konzept zu belassen und es einfach mit einem anderen Partner fortzuführen?

Das Konzept ist in seiner formulierten Fassung, so wie es auf dem Papier steht, oftmals über das Urheberrecht eins zu eins geschützt. Die Idee, welche hinter dem Konzept steht, ist wiederum über das Urheberrecht nicht schutzfähig. Das bedeutet, wenn ich an maßgeblichen Stellschrauben Veränderungen vornehme, dann verstoße ich nicht gegen die dem Konzept zugrunde liegenden Urheberrechte und kann die Idee frei nutzen. Das ist Grundlage im gesamten gewerblichen Rechtsschutz, dass die dahinter stehende Idee frei ist, wenn sie nicht durch ein Patent geschützt ist. Es kommt immer auf die konkrete Ausprägungsform an. Ich kann mir also jemand anderen nehmen, das nächste Pferd vor den Wagen spannen und versuchen mit dem besser voran zu kommen.

Würde die bloße Änderung des Kommunikationskanals von Internet auf Printmedien bereits eine ausreichende Veränderung darstellen?

Wenn ich bestimmte Vorgaben für die Internetwerbung habe, zum Beispiel eine bestimmte Farbgestaltung und ich dann diese Vorgaben nicht mehr im Internet einsetze, sondern in den Printmedien, würde man sagen, es ist noch das Konzept. Die bloße Übertragung des Konzeptes von einem auf das andere Medium ist meines Erachtens noch keine wesentliche Stellschraube. Es ist sehr stark davon abhängig, wie das einzelne Konzept aufgebaut ist. Man kann das schwerlich sagen. Pauschale Aussagen wie „Wenn ich 40 Prozent abändere, dann bin ich draußen aus dem Urheberschutz" sind nicht zielführend. Denn diese 40 Prozent sind meist nicht klar bestimmbar.

Kann das von Ihnen bereits erwähnte Wettbewerbsverbot verhindern, dass mein Kooperationspartner das Konzept etwas abgeändert mit einem neuen Partner weiterführt?

Das ließe sich in bestimmtem Umfang durch ein Wettbewerbsverbot ausschließen. Außer ich bin beispielsweise der marktstärkste Anbieter im Lebensmittelbereich und verbiete meinem Vertragspartner für einen längeren Zeitraum jegliche andere Zusammenarbeit im Lebensmittelbereich, mein Partner ist aber auf weitere Zusammenarbeiten angewiesen. Dann würde man sagen, dass dieses Wettbewerbsverbot unzulässig ist, da es durch die Marktmacht erzwungen wurde. Das wäre dann wohl kartellrechtswidrig. Aber ansonsten sind beim Wettbewerbsverbot einige Möglichkeiten gegeben. Ich halte ein Wettbewerbsverbot für richtig. Denn, wenn ich viel Geld für das Cross-Marketing aufgewendet habe und der Erfolg mäßig ist, will ich nicht, dass mein Partner das Konzept mit dem nächsten macht und ich dann das Nachsehen habe.

Herr Nachtwey, vielen Dank für das sehr aufschlussreiche Gespräch.

Eckard Nachtwey studierte Jura in Kiel und ist seit 1994 Rechtsanwalt. Er arbeitete für eine Kanzlei in Hongkong und als Justiziar in der Markenabteilung von BASF. Herr Nachtwey ist Gründungspartner der Rechtsanwaltskanzlei von Ahsen, Nachtwey und Partner in Bremen. Die Schwerpunkte seiner Tätigkeit sind das Marken-, Wettbewerbs- und Urheberrecht, Lizenzvereinbarungen und Industriedesign sowie die gerichtliche Durchsetzung im Zusammenhang mit dem Patent- und Geschmacksmusterrecht.

Kontakt:

Rechtsanwaltskanzlei von Ahsen, Nachtwey & Kollegen
Eckard Nachtwey
Wilhelm-Herbst-Straße 5, 28359 Bremen
Telefon   +49 (0)4 21 38 64-70
Telefax   +49 (0)4 21 38 64-725
E-Mail   office@vanlaw.de

Das Partnermanagement – so bleiben Sie mit Ihrem Partner in Kontakt und vermeiden Konflikte

Nach dem Vertragsabschluss sind die verschiedenen Aufgaben des Umsetzungsplans zu erledigen. (Vergleiche dazu das Unterkapitel zur Konzeptentwicklung.) Während dieser Umsetzungsphase sollten die Partner regelmäßig in Kontakt bleiben. Beide Seiten sollten offen und ehrlich über den jeweiligen Stand der Umsetzung berichten und auch eventuell Schwierigkeiten rechtzeitig ansprechen; so lassen sich spätere Konflikte vermeiden.

Um Konflikte zu vermeiden, sollten Sie die zentralen Entscheidungen gemeinsam treffen

Bei jeder Form des Cross-Marketing sind während der Umsetzungsphase zentrale Entscheidungen zu treffen: Beispielsweise müssen die Partner über die Verpackungsgestaltung des Product-Bundle entscheiden, die Medien für die gemeinsame Kommunikation sind zu bestimmen oder aus den Anzeigenvorschlägen der Werbeagentur ist die beste auszuwählen. Solche wichtigen Entscheidungen sollten beide Partner gemeinsam treffen. Bereits während der Konzeptentwicklung sollten Sie genau festlegen, welche Entscheidungen gemeinschaftlich zu treffen sind; sie können dies auch im Vertrag festschreiben. Trifft ein Partner wichtige Entscheidungen alleine, ist der spätere Konflikt vorprogrammiert.

Schwelende Konflikte rechtzeitig ansprechen und gemeinsam lösen

Keine Cross-Marketing-Verbindung ist von vornherein gegen Konflikte immun. Beispielsweise wird der Umsetzungsplan zeitlich nicht eingehalten oder ein Partner erledigt seine Aufgaben nicht so, wie es sich die andere Seite vorgestellt hat. Solche oder ähnliche Probleme werden häufig nicht angesprochen, nach dem Motto: „Es wird sich schon geben." Meist ist dies aber nicht der Fall, die Vertrauensbasis wird beschädigt und ein schwerwiegender Konflikt ist kaum noch zu verhindern. Schwelende Konflikte sollten daher rechtzeitig angesprochen und gemeinsam gelöst werden. Ansonsten droht die Kooperation zu scheitern.

Sprechen Sie das Problem immer offen und ehrlich an, wenn möglich in einem persönlichen Gespräch und nicht per Telefon oder gar E-Mail. Bleiben Sie in jedem Fall sachlich, werden Sie niemals persönlich. Es ist von entscheidender Bedeutung, dem Partner die Möglichkeit zu geben, seine Sicht der Dinge darzustellen. Versuchen Sie sich in die Lage Ihres Partners zu versetzen. Dies führt meist zu einem besseren Verständnis für die andere Seite und bildet die Basis für eine gemeinsame Lösung des Problems.

Konnte das Problem nicht gelöst werden und ist daraus ein größerer Konflikt entstanden, sollten Sie versuchen, den Streit mit Hilfe eines externen Moderators zu lösen. Dieser kann aus einer neutralen Perspektive häufig schneller einen Ausweg finden als die unmittelbar involvierten Partner. Der externe Berater kann beispielsweise als Moderator fungieren, so weit er nicht selbst Teil des Problems ist.

Bei kurzfristigen Aktionen sollten Sie am Schluss gemeinsam den Erfolg bewerten

Nachdem alle Beteiligten Ihre Aufgaben erledigt haben, können die Cross-Marketing-Maßnahmen starten. Bei kurzfristigen Aktionen (zum Beispiel einem Gewinnspiel oder einer Promotion im Handel) können Sie während der laufenden Maßnahme kaum etwas korrigieren. Sie sollten aber im Nachhinein gemeinsam mit Ihrem Partner den Erfolg bewerten, die Ursachen analysieren und daraus für die Zukunft lernen. (Vergleiche zur Erfolgskontrolle ausführlich das folgende Kapitel 5.) Bei einer erfolgreichen Zusammenarbeit können Sie im Rahmen des Abschlusstreffens auch über neue gemeinsame Projekte nachdenken. Aus vielen kurzfristig angelegten Kooperationen hat sich schon eine langfristige Zusammenarbeit ergeben.

> *„Bei kurzfristigen Kooperationen sind Korrekturen kaum möglich. Wenn sie erstmal im Markt sind, dann ist kaum noch etwas zu verändern. Aber man kann daraus lernen und sagen: Beim nächsten Mal sollten wir dieses oder jenes anders machen."*
>
> Heinz-Jürgen Pick
> Cross-Marketing-Berater

So halten Sie bei langfristigen Kooperationen den Kontakt

Langfristige Cross-Marketing-Verbindungen, wie zum Beispiel zwischen FRoSTA und Brigitte, sind nach einer gemeinsamen Aktion noch lange nicht beendet. Damit die Kooperation nicht im Tagesgeschäft versinkt und Sie das gemeinsame Potenzial dauerhaft ausschöpfen können, sollten Sie regelmäßige Treffen vereinbaren. Beispielsweise können Sie zweimal im Jahr einen Workshop abhalten.

Dabei sollten Sie den Erfolg Ihrer bisherigen Maßnahmen bewerten (vergleiche dazu ausführlich Kapitel 5), bei Zielabweichungen die Ursachen analysieren und gegebenenfalls die zukünftigen Maßnahmen verändern. Auch eventuelle Probleme in der Zusammenarbeit sollten angesprochen und gemeinsam gelöst werden (siehe oben). Zudem sollten Sie diskutieren, mit welchen gemeinsamen Maßnahmen Sie in den nächsten Jahren Ihre Ziele erreichen wollen.

> *„Es ist wichtig den persönlichen Kontakt zueinander nicht zu verlieren. Das ist im Alltag häufig nicht so einfach, meist werden nur E-Mails hin und her geschickt und das war es dann. Aber man sollte auch den persönlichen Austausch suchen. Daher treffen wird uns regelmäßig [mit der Brigitte; Anmerkung der Autoren], um zu gucken: Läuft alles noch? Wo wollen wir hin? Was können wir dafür die nächsten zwei, drei Jahre gemeinsam machen?"*
>
> Jens Bartusch
> Produktmanager der Marke FRoSTA

Es wurde schon mehrfach gesagt, dass Sie nach Beendigung des Projekts eine Erfolgskontrolle durchführen sollten. Diesen Aspekt stellen wir Ihnen nun im 5. Kapitel näher vor.

Das Partnermanagement auf einen Blick

Auf zielgruppenaffinen Werbeträgersites werden andere Werbemittel benötigt als auf nicht zielgruppenaffinen. Es lässt sich festhalten:

■ Bleiben Sie während der Umsetzungsphase mit Ihrem Partner in Kontakt und informieren Sie sich gegenseitig über den Stand der Umsetzung.

■ Um Konflikte zu vermeiden, sollten beide Partner die zentralen Entscheidungen gemeinsam treffen.

■ Sprechen Sie eventuelle Probleme rechtzeitig an. Beide Seiten sollten versuchen, sich in die Lage des jeweiligen Partners zu versetzen; dies bildet die Basis zur Problemlösung.

■ Bei kurzfristigen Cross-Marketing-Verbindungen sollten Sie am Schluss gemeinsam den Erfolg bewerten und eventuell über neue gemeinsame Projekte nachdenken.

■ Bei langfristigen Verbindungen sollten Sie mit Ihrem Partner den regelmäßigen, persönlichen Austausch suchen: Bewerten und analysieren Sie gemeinsam den Erfolg, verändern Sie gegebenenfalls zukünftige Maßnahmen, sprechen Sie Probleme an und diskutieren Sie, mit welchen gemeinsamen Maßnahmen Sie zukünftig Ihre Ziele erreichen wollen.

5. Machen Sie den Erfolg der Kampagne durch Controlling sichtbar

Schon Sir Winston Churchill wusste, dass die schönste Strategie nichts nutzt, wenn sie am Ende des Tages nicht die erwünschten Resultate erzielt. Genauso sollte es sich im Cross-Marketing verhalten – doch tut es das?

> *„However beautiful the strategy – you should occasionally look at the results."*
> Sir Winston Churchill

Obwohl die Marke bei Unternehmen der Konsumgüterindustrie bis zu 70 Prozent des immateriellen Vermögenswertes ausmacht und somit die Bedeutung der Marke in der Praxis mittlerweile offenkundig ist, gibt es ein Umsetzungsproblem: Viele Markenverantwortliche verlassen sich auf ihre langjährige Berufserfahrung und ihr Gespür für die Marke, wenn es um die Erfolgsmessung der Cross-Marketingmaßnehmen geht. Professionelles Marketing bedarf diesbezüglich jedoch auch der Kontrolle durch Zahlen und Daten. In der Mehrzahl wird der Erfolg solcher Kooperations-Maßnahmen noch nicht systematisch erhoben. So haben Noshokaty, Döring und Thun in einer Studie herausgefunden, dass in knapp zwei Drittel aller Fälle eine systematische Erfolgsmessung ausbleibt.

Das Markencontrolling stellt nach unserer Auffassung den letzten, elementaren Schritt im Cross-Marketing-Managementprozess dar und fungiert zugleich als Ausgangsbasis für den Managementprozess, um beispielsweise aufgrund der positiven Erfahrungen die nächste Kooperation planen zu können. Das Controlling teilt sich dabei in zwei Unterbereiche auf. Der erste Schritt besteht aus der Erfolgsmessung, bei dem alle relevanten Daten in Abhängigkeit zu den definierten Zielen, die Sie mit der Maßnahme erreichen wollen, erhoben werden. Hier ist die fallweise Inanspruchnahme externer Dienstleister sicherlich sinnvoll. Der zweite Schritt besteht aus dem Reporting, also der entscheidungsrelevanten Aufbereitung der in Schritt eins erhobenen Daten. Hierbei sollten Sie für sich festlegen, welche Daten Sie vor dem Spannungsfeld aus Offen- und Ehrlichkeit und Datenschutz weitergeben wollen.

Ausgangspunkt sind die Ziele der Cross-Marketing-Kampagne

Ausgangspunkt Ihrer Überlegungen ist die Definition der Ziele, die Sie durch Ihre Cross-Marketing-Kampagne erzielen wollen. Diese können unterschiedlichster Natur sein – von der globalen Stärkung des Markenimages über die Erhöhung der Distribution bis hin zur Abverkaufssteigerung. Abhängig von den Zielen lassen sich die Kennzahlen ableiten, anhand derer der Erfolg gemessen werden soll. Über die Ziele einer Kooperation müssen Sie sich schon zu Beginn des Managementprozesses im Klaren sein. Im Folgenden nehmen wir den Faden aus Kapitel 2 wieder auf, indem wir die verschiedenen Cross-Marketing-Ziele mit den Instrumenten der Erfolgsmessung verbinden.

Stärkung des Markenimages

Wenn Sie durch Cross-Marketing die Stärkung des Markenimages beabsichtigen, müssen Sie grundsätzlich beachten, dass Sie im Vorfeld der Kampagne eine sogenannte Nullmessung durchführen, um die eingetretenen Veränderungen durch eine spätere Erhebung vergleichen zu können.

Ferner müssen Sie sehr genau definieren, welche Aspekte des Images beziehungsweise welche Positionierungsdimensionen Ihrer Marke gestärkt werden sollen. Wenn Sie beispielsweise als innovativer wahrgenommen werden wollen, sollten Sie Kenngrößen definieren, mittels derer Sie diesen Aspekt messen wollen. Sie könnten zum Beispiel in Kundenbefragungen die Innovativität der angebotenen Produkte auf einer Schulnotenskala von eins bis sechs beurteilen lassen. Die Bewertung des Preis-Leistungs-Verhältnisses kann Ihnen indirekt gute Hinweise über den Erfolg Ihrer Bemühungen geben, denn innovative Produkte realisieren in der Regel auch höhere Preise.

Wenn Sie die Imageziele nicht konkret genug definieren, bekommen Sie das Problem, dass allgemeine Einstellungen der Konsumenten einen hohen Einfluss während der Imagemessung ausüben. Stellen Sie daher Ihre Fragen in der Marktforschung so konkret wie möglich.

Trotz aller Messmöglichkeiten müssen wir Sie an dieser Stelle ein wenig desillusionieren: Die Zurechnungsproblematik werden Sie kaum umgehen können. Das bedeutet, Sie müssen sich bewusst sein, dass eine bessere Beurteilung der Innovationskraft ihrer Marke nicht eins zu eins auf die durchgeführte Cross-Marketing-Maßnahme zu-

rückzuführen ist, sondern dass alle Kontaktpunkte zwischen Marke und Kunde auf die Marke einzahlen, ob negativ oder positiv sei einmal dahingestellt.

Kauftrichter macht Kundenverhalten messbar

Die Stärke der Cross-Marketing-Kooperation zeigt sich neben Imageeffekten vor allem im Konsumentenverhalten. Um dieses messen zu können, hat sich in der Beratungspraxis der Kauftrichter bewährt. Es werden idealerweise fünf Stufen in die Betrachtung einbezogen, die aber in Hinblick auf die zu betrachtende Anspruchsgruppe Ihrer Cross-Marketing-Kampagne (zum Beispiel Kunden oder Absatzmittler wie der Fachhandel oder Meinungsführer in Brand Communities) angepasst werden können. Zudem können Sie auf jeder Stufe neben der eigenen Marke auch Ihre Wettbewerber mit in die Betrachtung einschließen und somit Ihre Schwächen und Stärken diesen gegenüber messen. Indem die Werte von einer Stufe des Trichters zur nächsten ins Verhältnis gesetzt werden, ergeben sich sogenannte Transferraten, die möglichen Optimierungsbedarf aufzeigen.

Der Kauftrichter ist wie folgt aufgebaut:

Die erste Stufe bildet die Bekanntheit der Marke. Diese kann gestützt („Ich lese Ihnen nun einige Marken aus dem Bereich Kochgeschirr vor, welche davon kennen Sie?") oder ungestützt („Wenn Sie einmal an Hersteller von Kochgeschirr denken. Welche Marken fallen Ihnen spontan ein?") abgefragt werden. Die letzte Kennzahl ist aussagekräftiger, weil sie auf die aktive Erinnerung abstellt.

Die zweite Stufe betrachtet, inwiefern die Kunden Ihre Marke schätzen beziehungsweise mit Ihr vertraut sind. Folglich sollte die Fragestellung lauten: „Wie vertraut sind Sie mit der Kochgeschirr-marke XY?"

░ Auf der dritten Stufe wird erhoben, wie viele Konsumenten den Kauf der Marke in Erwägung ziehen. Die Frage könnte lauten: „Wenn Sie beabsichtigen Kochgeschirr zu kaufen. Welche Marken kommen dabei grundsätzlich für Sie in Frage?"

░ Die vierte Stufe bildet der Kauf der Marke. Hier gibt es zwei Möglichkeiten, sich der Kennzahl zu nähern. Eigentlich müssten Sie den sogenannten Share of Wallet messen. Darunter versteht man die Ausgaben eines Kunden für beispielsweise die Marke Berndes im Verhältnis zu den Gesamtausgaben für Kochgeschirr. Diese Variante gestaltet sich schwierig, da Sie zunächst die gekaufte Marke abfragen, dann die Höhe der Ausgaben für diese Marke und im dritten Schritt die Gesamtausgaben in dieser Warengruppe erfragen müssen. Die zweite Variante ist deutlich einfacher: Sie fragen, welche von den vorher in Betracht gezogenen Marken im letzten Jahr tatsächlich gekauft wurden.

░ Abschließend wird die Loyalität der Kunden gemessen. Die Loyalität setzt sich aus dem Wiederkauf der Marke und der gleichzeitig positiven Einstellung gegenüber der Marke zusammen. Dies kann über Wiederkauf- und Weiterempfehlungsraten gemessen werden; letzterer Aspekt beispielsweise durch die Frage: „Würden Sie die Marke Ihren Freunden und Bekannten weiterempfehlen?"

Fiktives Beispiel für die Erfolgsmessung mit dem Kauftrichter

Stellen Sie sich vor, dass Ihre Marktforschung ergeben hat, dass 40 Prozent der Befragten Ihre Marke bekannt ist. Mit Ihr vertraut sind allerdings nur 32 Prozent und beim nächsten Kauf in Erwägung gezogen wird sie von 27 Prozent der Befragten. 14 Prozent kaufen Ihre Marke und 12 Prozent kaufen sie erneut. Wenn Sie sich nun die Transferraten zwischen den Stufen des Trichters anschauen, wird schnell deutlich, dass 80 Prozent der Kunden, die ihre Marke kennen, auch mit ihr vertraut sind. Das Problem liegt allerdings in der geringen Bekanntheit der Marke. Hier können Sie durch Cross-Marketing mit einem bekannten Partner ihrer Marke auf die Sprünge helfen. Das zweite Problem besteht beim Übergang von der Erwägung der Marke zur nächsten Stufe: Nur die Hälfte derer, die Ihre Marke in Erwägung ziehen, kauft sie. Wer sie allerdings einmal gekauft hat, ist von ihr überzeugt und kauft sie wieder. Hier können Sie an den Stellhebeln Distribution oder Senkung der Kaufschwelle beispielsweise durch Product-Bundling ansetzen.

Wenn Sie die Daten für den Kauftrichter im Rahmen einer Nullmessung vor der Planung der Cross-Marketing-Maßnahme durchgeführt haben, können Sie durch eine erneute Messung nach der Aktion die eingetretenen Veränderungen und hoffentlich den Erfolg messen.

Praxistipp zur Bekanntheitsmessung bei Gewinnspielen

Bei Maßnahmen, die sie zusammen mit Ihrem Partner am POS durchführen, bietet sich an, dass Sie kleine Gewinnspielkärtchen ausgeben und darüber neue Kundenkontakte gewinnen. Diese können Sie im Nachgang zur Aktion nutzen, um telefonisch zu erfassen, ob die Kunden sich noch an die Aktion erinnern, welche Marken sie im Kopf behalten haben und wie sie diese Aktion fanden.

Zu Beginn des Buches sind wir noch auf weitere Ziele eingegangen, die Sie durch eine Cross-Marketingkooperation erreichen können. Deren Erfolgsmessung wollen wir nun aufzeigen.

Gewinnung von Neukunden messen

Heute bieten sich durch Kundenkartensysteme wie Payback, Happy Digits oder Webmiles sowie die vom Handel selbst betriebenen Kundenkarten zahlreiche Möglichkeiten, um das Kaufverhalten ihrer Kunden auszuwerten Hier können Sie über Bon-Auswertungen genau nachvollziehen, wer Ihr Produkt wann, wie oft und mit welchen weiteren Produkten zusammen gekauft hat – allerdings sind die zur Verfügung gestellten Daten nicht kostenlos. Und natürlich können Sie über einen Abgleich mit Ihrer Kundendatenbank herausfinden, ob es sich um einen Neukunden handelt. Durch den Abgleich können Sie auch erfassen, ob sie die von Ihnen anstrebte (neue) Zielgruppe erreichen konnten.

Messung der Glaubwürdigkeit

Wenn Sie Ihre Marke neu positionieren wollen, indem Sie einen Trend aufgreifen, dann müssen Sie aus Sicht der Verbrauchers eine Kompetenz in dieser für die Marke neuen Positionierungsdimension aufweisen und glaubwürdig sein. Beim bereits erwähnten Beispiel aus der Kochgeschirrbranche wird der Wellnesstrend aufgegriffen. Die Marken stehen dann vor der Herausforderung, die Brücke zwischen Kochgeschirr und Wellness im Kopf des Konsumenten zu schlagen. Dazu können sie mit Anbietern von typischen Wellness-Produkten kooperieren. Die beiden wichtigsten Fragen zur Erfolgmessung lauten hier: „Wie beurteilen Sie die Kompetenz der Kochgeschirrmarke XY im Zusammenhang mit Wellness?" und zweitens

„Wie glaubwürdig ist für Sie die Aussage: Kochgeschirranbieter XY ist Anbieter von Wellness-Produkten?" Auch hier sollte man im Vorfeld eine Nullmessung durchführen, der man dann einer Messung im Nachgang der Aktion gegenüberstellt.

Effizienzmessung

Eine sehr praktische Art und Weise die Effizienz der Cross-Marketing-Maßnahmen zu erfassen stellt beispielsweise die Ausgabe von Gutscheinen über Couponing-Aktionen dar. Bei deren Einlösung können Sie den Konsumenten fragen, ob und wann er schon einmal ihr Produkt gekauft hat. Hieraus ergeben sich wichtige Erkenntnisse darüber, durch welche Maßnahmen Sie die meisten Neukunden oder die meisten Verkaufsförderungs-Impulse generieren konnten. In einem ersten Schritt sollten Sie den Vergleich zwischen den Cross-Marketing-Kosten und den Aufwendungen für vergleichbare Maßnahmen im Alleingang anstellen. In einem zweiten Schritt ergänzen Sie die Analyse durch die Betrachtung der Zielerreichung. Die zentrale Frage lautet: Welche Kosten wären auf klassischem Wege entstanden, um den gleichen Zielerreichungsgrad zu erlangen. Somit können Sie eine Aussage über die Effizienz von Cross-Marketing treffen.

Beispiel für effizientes Cross-Marketing – Coca Cola & iTunes

Die Marke Apple stand vor der Herausforderung eine Vielzahl von Erstverwendern für Ihre Musikplattform iTunes zu gewinnen. Aufgrund des Zielgruppenfits mit Coca Cola wurden auf den Cola-Flaschen Gutscheincodes zum kostenlosen Musikdownload sowie ein Hinweis auf das Couponing aufgedruckt. Durch diese Maßnahme konn-

te Apple sehr viele Erstverwender gewinnen. Hätte Apple das auf klassischem Wege gemacht, wäre eine ähnlich hohe Zahl von Erstverwendern nicht beziehungsweise nur zu deutlich höheren Kosten erreichbar gewesen.

Reporting und wie gehen Sie mit Zielabweichungen um

Im zweiten Schritt müssen Sie die Daten entscheidungsrelevant aufbereiten. Neben den ein bis zweimal im Jahr stattfindenden Workshops sollten Sie ein regelmäßiges Reporting vereinbaren. Hierzu sollten Sie mit Ihrem Cross-Marketing-Partner festlegen, wie oft und in welchem Umfang das Reporting stattfinden soll.

„Selbst wenn Zahlen vorhanden sind, werden sie kaum nach außen gegeben. Aus unserer Sicht sollten am Ende jeder Kooperation die Ergebnisse mit dem Partner zusammen analysiert werden. Es sollte da einem Marketeer kein Zacken aus der Krone brechen, die Gründe für ein eventuell Scheitern zu benennen."

Heinz-Jürgen Pick
Cross-Marketing-Berater

Die gewonnnen Erkenntnisse beziehungsweise identifizierten Abweichungen sollten auf den Punkt gebracht und mit Lösungsvorschlägen versehen werden, damit Sie im hektischen Alltagsgeschehen der Marketingabteilung Ihres Partners Gehör finden. Es besteht in den seltensten Fällen Zeit und Interesse daran, sich eingehender mit Marktforschungsdaten zu beschäftigen. Eine nähere Betrachtung sollte im Rahmen der Workshops stattfinden. Hier gilt es die Daten aufzubohren

und den Ursachen für Erfolg beziehungsweise Misserfolg auf den Zahn zu fühlen. Beiden Partnern muss daran gelegen sein, nicht sklavisch am ursprünglichen Konzept festzuhalten, sondern ergebnisoffen konkrete Handlungsmöglichkeiten zum Gegensteuern zu diskutieren. Im Erfolgsfall können Sie auch darüber nachdenken wie Sie gegebenenfalls die Kooperation ausdehnen.

In jedem Fall sollten Sie Erkenntnisse aus der Erfolgsmessung Ihrer Cross-Marketing-Maßnahme festhalten und daraus für zukünftige Vorhaben mit dem gleichen oder einem anderen Partner lernen. An dieser Stelle schließt sich der Kreis und Sie stehen entweder an der Optimierung ihrer bisherigen Kooperation oder am Beginn eines neuen Cross-Marketing-Managementprozesses.

Controlling auf einen Blick

Sie sollten den Erfolg Ihres Cross-Marketings mittels Zahlen und Daten messen.

So können Sie die Ziele messen:

■ Ihr Markenimage sowie die Glaubwürdigkeit können Sie durch Konsumentenbefragungen erheben.

■ Ein fünfstufiger Kauftrichter erlaubt die Messung des Kaufverhaltens Ihrer Anspruchsgruppen.

■ Transferraten zwischen den Stufen geben wichtige Anhaltspunkte für Optimierungen.

■ Die Gewinnung von Neukunden lässt sich zum Beispiel über Kundenkartsysteme messen.

■ Eine Effizienzbetrachtung des Cross-Marketing ist durch die Gegenüberstellung von Mitteleinsatz und Zielerreichungsgrad im Vergleich zu klassischen Maßnahmen möglich.

Darauf sollten Sie achten:

■ Eine Nullmessung muss im Vorfeld der Cross-Marketing-Maßnahme erfolgen, um sie mit den im Nachgang der Aktion erhobenen Daten vergleichen zu können.

Darauf sollten Sie beim Reporting achten:

■ Die erhobenen Daten müssen entscheidungsrelevant aufbereitet, bei Zielabweichung mit möglichen Lösungsvorschlägen versehen und in regelmäßigen Abständen und bei Bedarf an ihren Partner weitergegeben werden.

■ Im Rahmen von Workshops sollten die Ursachen des Erfolgs beziehungsweise Misserfolgs eingehender betrachtet werden. Ebenso sollte mögliche Verbesserungen oder eine Ausweitung der Kooperation diskutiert werden.

Im Gespräch mit Simon Thun – Experte für Marketing-Kooperationen

Herr Thun, bitte beschreiben Sie uns in wenigen Sätzen was Ihre Agentur macht.

Als Agentur für Marketingkooperationen unterstützen wir Unternehmen, die durch die Zusammenarbeit mit anderen Unternehmen wachsen oder neue Geschäftsfelder erschließen möchten. Im Vordergrund stehen dabei Kooperationsansätze, die unmittelbar vertriebswirksam werden. Unser Leistungsspektrum umfasst sämtliche Aktivitäten für erfolgreiche Konzeption, Etablierung und Management/Optimierung von Marketingkooperationen.

Welches Verständnis haben Sie vom Begriff Cross-Marketing und was sind aus Ihrer Sicht die charakteristischen Merkmale?

Rein definitorisch bezeichnet Cross-Marketing – oder wie wir sagen: „Marketingkooperationen" – die Zusammenarbeit mindestens zweier Organisationen auf der Wertschöpfungsstufe des Marketing mit dem Ziel, durch die Bündelung spezifischer Kompetenzen und/oder Ressourcen Marktpotenziale auszuschöpfen.

Pragmatischer formuliert bedeutet das: Cross-Marketing-Aktionen machen immer dann Sinn, wenn sich die unterschiedlichen Marketingziele zweier Unternehmen in einer konkreten Leistung beziehungsweise Maßnahme für den Endkunden in Einklang bringen lassen. Entscheidend ist, dass durch die Kooperation eine Win-Win-Win-Situation hergestellt wird, mit klarem Nutzen für den Endkunden und beide Partner. Entsprechend fallen nach unserem Verständnis gemeinsame Marketing-, Kommunikations- und Vertriebsmaßnahmen ebenso unter den Cross-Marketing-Begriff wie zum Beispiel Sponsoring oder Lizenzierung.

Welche Rolle spielt Cross-Marketing innerhalb Ihres Marken- und auch Marketingverständnisses?

Beim Marketing geht es um die möglichst optimale Gestaltung der Beziehung zwischen einem Unternehmen und seinen bestehenden sowie potenziellen Kunden. Eine Marke ist dabei lediglich ein mögliches

Instrument, in dieser Beziehung eine ausreichende Bekanntheit des Unternehmens beziehungsweise seines Leistungsangebots, eine positive Einstellung gegenüber diesen sowie eine Präferenz seitens der Kunden zu erzielen. Cross-Marketing erweitert die Perspektive des Marketing auf weitere Partner, indem die Marketingaktivitäten daraufhin überprüft werden, inwiefern sich durch die Einbindung eines Partners die Beziehung zwischen Unternehmen und Kunden verbessern lässt.

Was sind die konkreten Ziele Ihrer Kunden beim Cross-Marketing und welche Cross-Marketing-Formen eignen sich besonders zur Zielerreichung?

So unterschiedlich unsere Projekte im Einzelnen auch sind, im Wesentlichen treffen wir dabei auf vier unterschiedliche Zielsetzungen, die mit Marketingkooperationen verfolgt werden. Ein Ziel ist der Aufbau beziehungsweise die Stärkung von Marken durch gemeinsame Kommunikationsmaßnahmen. Zum zweiten soll der Zugang zu neuen Märkten und Kunden durch Direktansprache der Kunden des Partners oder Nutzung der Distributionspunkte des Partners erschlossen werden. Ferner kann die Steigerung der Kundenbindung durch Ansprache der eigenen Kunden mit Mehrwert-Angeboten des Partners genauso das Ziel darstellen wie die Reduktion von Marketingkosten durch Bündelung von Marketing-Maßnahmen.

Dabei werden diese Zielsetzungen manchmal einzeln, in vielen Fällen jedoch in einer Kombination verfolgt. In Abhängigkeit von den Zielsetzungen entscheiden wir dann jeweils im Einzelfall, welche Art von Cross-Marketing-Maßnahme am besten zur Zielerreichung geeignet ist.

Wie schätzen Sie die Bedeutung von Cross-Marketing in den kommenden Jahren ein?

Gemeinsam mit SEMPORA Consulting haben wir zu diesem Thema eine Studie durchgeführt – die erste dieser Art in Deutschland. Die Antworten der Führungskräfte aus mittelständischen sowie Großunternehmen waren zur Bedeutung von Marketingkooperationen sehr eindeutig. So gehen über 90 Prozent aller Befragten von einer steigenden Bedeutung in den kommenden Jahren aus, während keiner eine Abnahme der Relevanz für wahrscheinlich hält. Über ein Drittel schätzt den Bedeutungszuwachs sogar als sehr hoch ein. Diese Ergebnisse stimmen mit unseren Beobachtungen überein. Zuletzt haben wir alleine in Deutschland pro Monat circa 30 neue überregionale Marketingkooperationen gezählt.

Worin sehen Sie diese Entwicklung begründet?

In unserer Studie haben wir explizit nach Gründen gefragt. Diese decken sich mit den zuvor erwähnten Zielen von Cross-Marketing-Maßnahmen. Es sind aber auch situative Faktoren. Zunehmender Wettbewerb zwingt zur Suche nach neuen Kunden abseits der aktuellen Märkte. Weiterhin wird heute kritischer auf die Kosten der Neukundengewinnung geschaut. Mit Cross-Marketing wird die Hoffnung verbunden, mehr mit gleichen oder sinkenden Etats zu erreichen.

Wie gestaltet sich aus Ihrer Sicht idealerweise der Managementprozess eines Cross-Marketing-Vorhabens und was ist dabei zu beachten?

Um unnötige Komplexität zu vermeiden, unterscheiden wir lediglich die drei Phasen Konzeption, Etablierung und Management/Optimierung.

Ausgehend von den Möglichkeiten, die das Geschäftsmodell des Unternehmens bietet, ist die Cross-Marketing-Idee so zu konkretisieren, dass sie sowohl umsetzbar und Erfolg versprechend als auch attraktiv für potenzielle Partner ist. Geeignete Partner sind in einer systematischen Analyse von Zielgruppen-, Leistungs- und Marken-Fit zu identifizieren. Als Grundlage für möglichst zielführende Gespräche mit den potenziellen Partnern sollten dann individuelle „Überzeugungspräsentationen" erstellt werden, die das Cross-Marketing-Konzept auf eine Weise veranschaulichen, dass der Nutzen für den potenziellen Partner klar herausgestellt wird und das Konzept somit hohe Erfolgschancen hat.

Im zweiten Schritt erfolgt die Anbahnung der Kooperation: Mit den Entscheidungsträgern der potenziellen Partnerunternehmen sind Kontakte herzustellen und Vorgespräche zu führen. Gemeinsam wird das Cross-Marketing-Konzept weiter spezifiziert. Zudem sollte auf Basis der Kooperationszielsetzungen ein ‚Business Case' erstellt werden, an dem sich in der Umsetzungsphase der Erfolg der Cross-Marketing-Aktivitäten kontinuierlich messen und somit steuerbar machen lässt. Für die entscheidende Startphase der Kooperation sollten konkrete Umsetzungsfahrpläne erstellt werden.

Da Cross-Marketing-Aktivitäten „mit Leben gefüllt" werden müssen, kommt dem Management der Kooperation eine entscheidende Bedeutung zu. Die Beiträge sämtlicher involvierten Abteilungen beider Partner sind zu steuern, um die Cross-Marketing-Maßnahme entsprechend des vereinbarten Fahrplans umzusetzen. Hierzu gehört auch Erfolgsmessung und die darauf basierende kontinuierliche Feinjustierung beziehungsweise Optimierung der Kooperation.

Welche Projektphasen begleiten Sie dabei in der Regel?

Cross-Marketing scheitert sehr oft an „Brüchen" zwischen den Phasen Konzeption, Etablierung und Management: Viele Unternehmen haben Kooperationskonzepte zum Beispiel von Unternehmensberatern „im Schrank stehen", aber es fehlt jemand, der die Etablierung der Kooperationen vorantreibt. Oder es wurden Cross-Marketing-Verträge geschlossen, mit deren Umsetzung dann jedoch andere Personen betraut sind, denen wichtige Hintergrundinformationen aus der Konzeptionsphase und den bisherigen Diskussionen mit dem Partner fehlen, so dass die Umsetzung zwangsläufig stockt. Die Ergebnisse unserer Studie haben diese Erfahrung noch einmal belegt. Über zwei Drittel aller Befragten gaben mangelnde Kontinuität in der Projektbetreuung als Hauptgrund für das Scheitern von Kooperationen an. Wir sehen unsere Aufgabe darin, Unternehmen zu unterstützen, erfolgreiches Cross-Marketing zu betreiben.

Welchen Beitrag können Sie als externer Dienstleister in eine Cross-Marketing-Kooperation einbringen?

Wir bieten eine Unterstützung sämtlicher Phasen des Cross-Marketings „aus einer Hand" an. Durch kombinierte Projektteams mit Mitarbeitern, die Cross-Marketing-Projekte komplett von der Idee bis zur Umsetzung begleitet haben, und Spezialisten in den jeweiligen Bereichen Konzeption, Etablierung und Management können wir hier die eben beschriebenen „Brüche" zwischen den Phasen wirksam vermeiden. Es gibt jedoch auch Kunden, die lediglich eine Unterstützung einzelner Phasen wünschen. In diesen Fällen bringen wir unsere Expertise dann im gewünschten reduzierten Umfang ein.

Sie haben eben schon die Möglichkeit des Scheiterns einer Kooperation indirekt angesprochen. Was ist denn für Sie eine erfolgreiche Cross-Marketing-Kampagne?

Der Erfolg einer Cross-Marketing-Kampagne misst sich für uns einzig und alleine daran, inwiefern die angestrebten Zielsetzungen erreicht werden. Im Rahmen unserer Studie haben wir ermittelt, dass in circa zwei Drittel aller Unternehmen der Erfolg von Marketingkooperationen bisher nicht systematisch erfasst wird. Vergleicht man diesen Wert mit der Einschätzung zum Anteil erfolgreicher Kooperationen, der im Durchschnitt bei nur circa 30 Prozent liegt, verwundert dieser Mangel an Controlling-Ansätzen um so mehr.

Wie messen Sie denn den Erfolg konkret? Was für Kennzahlen ziehen Sie zur Beurteilung heran?

Im Rahmen unserer Projekte messen wir den Erfolg anhand der zuvor entwickelten 'Business Cases'. Da Cross-Marketing-Aktivitäten mit sehr unterschiedlichen Zielsetzungen aufgesetzt werden können, sieht jeder 'Business Case' anders aus. Wir beginnen jeweils mit einem Grundmodell, dass unterschiedliche Marken- und Kommunikationserfolge einer Marketingkooperation ebenso abbildet wie Vertriebserfolge. Der Markenerfolg setzt sich zum Beispiel aus dem Kontaktwert und dem Involvementwert zusammen. Dabei geht es um die Frage „wie viele Personen können mit der Kooperation erreicht werden" beziehungsweise „wie viele Kunden können zur Interaktion mit meiner Marke animiert werden". Der Vertriebswert einer Kooperation speist sich aus dem Leadwert, also der Zahl der potenziellen zukünftigen Kunden, und dem Abschlusswert, der

Zahl der unterm Strich gewonnenen Kunden. Dieses Grundmodell passen wir dem jeweiligen Cross-Marketing-Konzept an. Bezüglich der Daten zur Erfolgsmessung bedienen wir uns soweit wie möglich bestehender Messinstrumente.

Definieren Sie diese gemeinsam mit den Cross-Marketing-Partnern?

Der 'Business Case' für eine Cross-Marketing-Aktion wird in der Regel in mehreren Interaktionsrunden gemeinsam entwickelt und verfeinert. Beide Partner bringen hierzu jeweils Ihre branchenspezifischen Marketingerfahrungen ein. Wir ergänzen diese um Erfahrungen aus ähnlich gestalteten Kooperationsprojekten und moderieren die Abstimmung. Entscheidend ist, dass sich die Partner am Ende des ‚Business Case' „ehrlich in die Augen schauen können".

Werden diese Erfolgskennzahlen Bestandteil des Vertrages?

Der 'Business Case' wird in der Regel Bestandteil des Vertrags. Allerdings muss beiden Partnern klar sein, dass die Festschreibung im Vertragswerk dazu dienen soll, gemeinsame Ziele transparent darzustellen. Es geht nicht primär um die Vorabdefinition von „Schuldfragen" oder „Ausstiegsbedingungen". Bei der Nichterreichung von Zielen sind beide Partner gleichermaßen verpflichtet, die möglichen Ursachen zu identifizieren und Ansatzpunkte für eine Verbesserung der Kooperations-Performance zu finden.

Wie oft werden Reports erstellt?

Insbesondere zu Beginn einer Kooperation müssen beide Partner eng zusammenarbeiten. In den meisten Fällen stellen sich dabei wöchentliche „jour fixe"-Termine als ideal heraus. Um in diesen Abstimmungsrunden eine Grundlage für die Priorisierung von Maßnahmen zu haben, empfehlen wir, Reports in einem ähnlichen Turnus aufzusetzen. Ist die Kooperation etabliert, können monatliche Reports ausreichend sein.

Wie gehen Sie mit Zielabweichungen um?

Wie bei allen 'Business Cases' sind Zielabweichungen eher die Regel, als die Ausnahme. Entscheidend ist, dass diese frühzeitig erkannt werden, um entsprechend „gegensteuern" zu können.

In unseren Projekten übernehmen wir zumeist die kontinuierliche Überwachung der Erfolgskennzahlen. Dies hat zudem den Vorteil, dass beide Partner die Erfolgskennzahlen, die in ihrem Bereich gemessen werden (zum Beispiel zu Vertriebserfolgen), dem Partner nicht direkt komplett offen legen müssen. Wir aggregieren die Informationen beider Unternehmen und kommunizieren drohende oder bereits eingetretene Zielabweichungen zusammen mit einer Analyse möglicher Ursachen und Handlungsmöglichkeiten beziehungsweise -empfehlungen. Gemeinsam mit den Partnern werden dann konkrete Maßnahmen beschlossen.

Wann ist aus Ihrer Sicht eine Beendigung der Kooperation sinnvoll?

Für die Empfehlung zur Beendigung einer Cross-Marketing-Maßnahme gibt es aus unserer Erfahrung im Wesentlichen vier mögliche Gründe. Der erste Grund kann darin bestehen, dass die Maßnahme ohne ein tragfähiges Kooperationskonzept oder mit einem ungeeigneten Partner etabliert wurde. In diesem Fall gibt es zur Auflösung häufig keine Alternative. Die wesentliche Schwierigkeit bei der Auflösung solcher Cross-Marketing-Ansätze besteht in der Regel darin, eine Beendigung einzuleiten, ohne dass die an der Etablierung beteiligten Personen intern „ihr Gesicht verlieren".

Der zweite Grund kann sein, dass die Maßnahme nicht mehr in das strategische Konzept mindestens eines der beiden Partner passt.

Drittens kann der Erfolg der Maßnahme trotz Optimierungsbemühungen ausbleiben, weil der Markt falsch eingeschätzt wurde beziehungsweise der zugrunde liegende 'Business Case' unrealistisch war.

Last but not least kann sich im Laufe der Umsetzung herausstellen, dass die beiden Partner ein unterschiedliches Verständnis von der gemeinsamen Maßnahme haben. Grundsätzlich unterschiedliche Auffassungen legen dann eine Auflösung „im beiderseitigen Einvernehmen" nahe.

Herr Thun, was sind abschließend für Sie die zentralen Erfolgsfaktoren des Cross-Marketings?

Eine Cross-Marketing-Maßnahme hat hohe Erfolgschancen, wenn man den zuvor beschriebenen Prozess der Entwicklung eines gleichermaßen kreativen wie tragfähigen Konzepts, der Identifikation eines geeigneten Partners und des aktiven Managements sowie kontinuierlicher Erfolgsmessung und Optimierung/Weiterentwicklung befolgt. In unserer Studie wurden alle diese Faktoren von mindestens zwei Drittel der Befragten als Erfolgsfaktoren genannt.

Neben diesem idealtypischen Vorgehen kommen wir in unseren Projekten immer wieder auf fünf Punkte, die zu beachten sind, damit in einer Cross-Marketing-Aktion wirklich „aus 1 + 1 mehr als 2 wird":

- Erstens geht es nicht um Win-Win, sondern um Win-Win-Win, das heißt, Cross-Marketing-Aktionen sind nur dann erfolgreich, wenn sie (neben den Partnern) vor allem den Kunden einen Nutzen bieten.

- Zweitens gilt das geflügelte Wort „Drum prüfe, wer sich (ewig) bindet". Damit meine ich, dass der Partner nicht nur in Lage sein muss, die gemeinsame Leistung mit zu gestalten, sondern diese muss auch zur eigenen Marke passen.

- Drittens kann man nur mit der richtigen Vorbereitung überzeugen. Einen möglichen Partner gewinnt man weder mit einem bereits finalisierten Konzept, noch durch eine vollkommen offene Diskussion.

■ Viertens ist nicht die Kooperationsdauer entscheidend, sondern das gemeinsame Grundverständnis, das heißt, egal ob kurzfristig oder langfristig angelegt, wichtig ist, dass das gemeinsame Ziel im Vordergrund steht.

Wir danken Ihnen für das Gespräch, Herr Thun.

Simon Thun ist geschäftsführender Gesellschafter der auf Marketingkooperationen spezialisierten Agentur Noshokaty, Döring & Thun GmbH. Der studierte Betriebswirt verfügt über eine mehrjährige internationale Beratungserfahrung: Vor der Unternehmensgründung war er unter anderem fünf Jahre lang für BBDO Consulting in Düsseldorf und München als Manager tätig. Er ist weiterhin Autor und Referent zu unterschiedlichen Marketingthemen wie „Co-Branding" und „Marketing-Controlling".

Kontakt:

Noshokaty, Döring & Thun GmbH
Agentur für Marketingkooperationen
Oranienburger Straße 66, 10117 Berlin (Mitte)
Telefon   +49 (0)30 8 47 10 78 10
E-Mail   info@noshokaty-doering-thun.com
Website www.noshokaty-doering-thun.com

6. Präsentationskunde

Wer kennt es nicht auch von sich selbst: Man ist von einer Idee so fasziniert, dass man sie am liebsten gleich umsetzen möchte. Doch wie begeistert man seine Kollegen, Projektteammitglieder, Vorgesetzte oder gar die potenziellen Gesprächspartner davon? Wie bereite ich die Idee am besten auf, wie verhalte ich mich während des Geschäftstermins und wie verhandle ich so, dass am Ende ein Ergebnis rauskommt, das sich beide Seiten vorgestellt haben?

In diesem Kapitel möchten wir Ihnen einige Tipps an die Hand geben, mit denen Sie von der Vorbereitung Ihrer Präsentation über das richtige Verhalten bei der Gesprächsführung bis hin zum Verhandeln Ihres Cross-Marketing-Vertrags erfolgreich sind.

Denn beherzigen Sie eines: You will never get a second chance for the first impression!

So präsentieren Sie sich und Ihre Idee überzeugend

Jede überzeugende Präsentation beginnt mit einer gründlichen Vorbereitung. Meistens gibt es einen konkreten Anlass für Ihre Präsentation, der es Ihnen einfach macht, den roten Faden zu spinnen. Im anderen Fall überlegen Sie, ob es nicht Informationen oder Bemerkungen aus vorangegangenen Gesprächen gibt, die Sie gut aufgreifen können.

Kreieren Sie eine packende Storyline mit der Storyboard-Methode

Zur Präsentationserstellung hat sich die Storyboard-Methode bewährt. Dazu legen Sie ein Blatt Papier quer vor sich hin, teilen es mit dem Stift in vier Rechtecke ein und nummerieren selbige durch. Beginnen Sie mit dem Deckblatt, auf dem Titel, Ort, Datum der Präsentation zu sehen sind, gegebenenfalls die Namen der Firmenvertreter. Die nächste Seite sollte die Agenda, die Sie während der Präsentation Ihren Gesprächspartnern kurz vorstellen, damit jeder der Anwesenden weiß was er zu erwarten hat. Und ab Seite drei beginnt Ihre Storyline. Um diese richtig zu gestalten, stellen Sie sich zunächst die Frage, was Sie mit Ihrer Präsentation erreichen wollen. Versetzen Sie sich in die Lage Ihres Gegenübers und finden Sie heraus, worin seine Bedürfnisse liegen mögen und wie sie diese mit guten Argumenten und konkreten Produkten beziehungsweise Dienstleistungen adressieren können. Schließlich möchten Sie Ihre Idee oder Ihre Dienstleistung ja auch verkaufen.

So verdeutlichen Sie Ihre Aussagen

Da Menschen grundsätzlich Bilder besser aufnehmen und verarbeiten können als eine Aneinanderreihung von Fakten, unterstützen Sie Ihre Argumentation mit wohl gewählten Bildern, die diese zugleich auflockern helfen. Ebenfalls hat sich bewährt, eine kleine Zusammenfassung der wichtigsten Aussagen nach jedem größeren Abschnitt zu machen. Hierdurch verdeutlichen Sie noch mal das Gesagte und geben Ihren Gesprächspartnern die Möglichkeit zu Rückfragen.

Management-Summary und Backup-Folien nicht vergessen

Bei sehr umfangreichen Präsentationen empfiehlt sich zudem die Erstellung einer Management-Summary. Sie sollte auf ungefähr einem Zehntel des Präsentationsumfangs die wichtigsten Kernaussagen (entspricht den Überschriften der Folie) zusammenfassen und kurz ausführen. Informationen, die für die Präsentation an sich nicht zielführend sind, aber für eine Diskussion oder die Beantwortung von Fragen hilfreich sein können, bereiten Sie am besten in Form von Backup-Folien auf, die Sie bei Bedarf einblenden können.

Entwurf fertig? Testen!

Wenn Sie Ihre Storyline zu Papier gebracht haben, testen Sie Ihren Entwurf, indem Sie sich von jemandem aus Ihrem Kollegenkreis ein Feedback holen. Wenn alles in Ordnung ist, können Sie die Präsentation mit zum Beispiel Powerpoint erstellen. Achten Sie dabei auf eine gut lesbare Schriftart und eine ausreichend große Schriftgröße. Ein heller Hintergrund unterstützt hier die Lesbarkeit. Des Weiteren überfrachten Sie die Folien nicht mit Informationen, fünf bis sieben Aufzählungen sind völlig ausreichend. Dass weniger mehr ist, gilt auch in Bezug auf Animationen. Setzten Sie diese nur dann ein, wenn es wirklich nützlich ist. Wählen Sie auch für jede Folie eine geeignete Überschrift, die die Kernaussage der Folie darstellt und somit den roten Faden Ihrer Storyline nicht abreißen lässt.

Bereiten Sie Ihre Präsentation gründlich vor

Im Vorfeld der Präsentation sollten Sie abklären, ob Ihr Gesprächspartner einen Beamer, eine weiße Projektionswand und gegebenenfalls eine Vertei-

lersteckdose zur Verfügung hat oder ob Sie diese Dinge selber mitbringen müssen. Denken Sie auch immer daran, dass die liebe Technik streiken kann. Es ist schon oft passiert, dass der bereitgestellte Beamer mit dem eigenen Notebook nicht kompatibel war oder im entscheidenden Moment den Dienst quittierte. Deshalb sollten Sie auf alle Eventualitäten vorbereitet sein, indem Sie Ihre Präsentation in Form eines gebundenen Handouts in ausreichender Anzahl dabei haben. Auch wenn die Technik funktioniert, kommt es gut an, wenn Sie Ihrem Gesprächspartner die Präsentation zum Nachlesen überlassen.

Präsentieren Sie souverän

Für die Präsentation an sich sollten Sie sich – so Sie den Vortrag nicht aus dem FF halten – auf Moderationskarten Stichpunkte zu den Folien machen. Selbst wenn Sie für einen Moment ins Stocken geraten, genügt ein Blick auf die Karte und Sie nehmen den roten Faden wieder auf. Lesen Sie bitte auch nicht die Folien wortwörtlich vor – erläutern Sie die Stichpunkte auf eine verständliche Art und Weise und formulieren Sie logische Übergangssätze zwischen den Folien.

Während Sie präsentieren, achten Sie darauf, dass Sie den Zuhörern nicht die Sicht auf die Projektionsfläche nehmen. Letztere sollte für Rechtshänder rechts neben Ihnen sein, da Sie so problemlos Dinge durch einen Laserpointer oder Ähnlichem verdeutlichen können, den Zuhörern aber nicht den Rücken zudrehen. Wenn Sie mit mehreren Personen präsentieren, verteilen Sie sich links und rechts von der Leinwand. Verfallen Sie aber, wenn Sie gerade nicht an der Reihe sind, der Unsitte, die Hände in die Tasche zu stecken oder unaufmerksam Löcher in die Luft zu starren. Souverän wirken Sie, wenn Sie auf Zwischenfragen sofort beziehungsweise nach einem Sinnabschnitt antworten und nicht das Ende der Präsentation abwarten.

Checkliste für Ihre überzeugende Präsentation

Eine überzeugende Präsentation beginnt mit einer guten Vorbereitung.
Folgendes sollten Sie beachten:

- Planen Sie ausreichend Zeit zur Erstellung der Präsentation ein.
- Gibt es aus Vorgesprächen Anhaltspunkte für Ihre Storyline?
- Wenden Sie die Storyboard-Methode an, damit Sie den roten Faden nicht aus dem Auge verlieren.
- Deckblatt, Agenda und Zusammenfassungen sind Pflicht, eine Management-Summary bei umfangreichen Präsentationen empfehlenswert (Richtschnur für den Umfang ist ein Zehntel der Präsentation).
- Legen Sie vorher fest, was Sie mit Ihrer Präsentation erreichen wollen.
- Erkunden Sie die Bedürfnisse der Gegenseite.
- Besprechen Sie die Präsentation mit Ihren Kollegen (Feedback).
- Gestalten Sie die Präsentation gut lesbar und beherzigen Sie, dass weniger mehr ist.
- Vermeiden Sie Aneinanderreihungen von Fakten und Zahlenfriedhöfe – alles was nicht direkt zielführend ist, wird in Backup-Folien aufbereitet.
- Erkundigen Sie sich, welche für die Präsentation notwendigen Dinge bei Ihrem Geschäftspartner vorhanden sind.
- Nehmen Sie ausreichend gebundene Exemplare der Präsentation mit, die sie Ihrem Gesprächspartner überlassen.
- Notieren Sie die wichtigsten Stichpunkte auf Moderationskarten – so verlieren Sie nie den roten Faden.

So verhalten Sie sich gegenüber Ihren Geschäftspartnern richtig

Wie immer im Leben macht der Ton die Musik. Somit kommt dem richtigen Verhalten gegenüber Ihrem Geschäftspartner eine wichtige Bedeutung zu.

Der Gast soll sich wohl fühlen

Es beginnt bereits nach der Festlegung des Gesprächstermins: Informieren Sie im Vorfeld Ihre Sekretärin oder Ihren Empfang darüber, wer von welcher Firma wann von ihnen erwartet wird, welche Personen Ihrerseits teilnehmen und in welchem Raum das Gespräch stattfinden wird. So weiß jeder Bescheid und dem Gast kann, sobald er das Firmengebäude betritt, das Gefühl vermittelt werden, dass er erwartet wird und willkommen ist. Der Empfang sollte Sie per Telefon über die Ankunft des Gastes informieren, woraufhin es Ihre Aufgabe ist, den Gast vom Empfang abzuholen.

Lassen Sie auch im Vorfeld den Konferenztisch eindecken. Hierbei sollte jedem Gast eine Tasse an seinen Platz gestellt werden sowie alles andere so platziert werden, dass es für ihn ohne weiteres während des Gespräches erreichbar ist. Vergessen Sie bitte nicht die Teetrinker unter Ihren Gesprächspartnern – auch wenn Sie passionierter Kaffeetrinker sind, sollten Sie heißes Wasser und Teebeutel in den gängigen Geschmacksrichtungen bereit halten.

Smalltalk ist Pflicht

Wenn Sie Ihre Geschäftspartner am Empfang begrüßen, so verfallen Sie bitte nicht der Unsitte, beim Händeschütteln schon den nächsten

Gesprächspartner anzuschauen. Stellen Sie sich einfach unter Nennung Ihres Vor- und Nachnamens sowie Ihrer Positionsbeschreibung im Unternehmen vor – Ihren etwaigen Doktor-Titel lassen Sie dabei weg. Stellen Sie Personen einander vor, so geben Sie ruhig ein paar zusätzliche Informationen – Studienfach, Wohnort oder gar ein gemeinsames Hobby beispielsweise – dies sind neben dem Wetter ideale Anknüpfungspunkte für den Smalltalk, mit dem Sie in Ihre Gespräche starten sollten. Nutzen Sie den Umstand, dass jeder gerne etwas von sich erzählt. Zudem wird man sich auch ein wenig vertrauter.

Bevor Sie sich dem eigentlichen Thema widmen, bieten Sie Ihrem Gast ein Getränk an und bitten Sie ihn, sich in der Folge einfach zu bedienen.

Der richtige Umgang mit dem Handy während eines Meetings

Wie Sie erfolgreicher Verhandlungen führen, werden Sie im nächsten Abschnitt erfahren, doch an dieser Stelle möchten wir Ihnen noch etwas zur Benutzung moderner Kommunikationsmittel während Besprechungen mit auf den Weg geben. Es kann vorkommen, dass Sie auf einen dringenden Anruf während des Meetings warten, noch wichtige Informationen für das Gespräch benötigen oder Ihr Kind krank ist und Sie gegebenenfalls erreichen muss. Kein Problem, weisen Sie doch zu Beginn auf diesen Umstand hin und legen Sie Ihr Handy auf den Tisch. In den anderen Fällen gilt, dass Sie Ihr Handy ausstellen, zumindest aber lautlos stellen sollten. Haben Sie dies wieder Erwarten vergessen und Ihr Handy klingelt, so unterdrücken Sie den Klingelton. Jetzt das Gespräch anzunehmen oder die SMS zu beantworten ist unhöflich

und unangemessen. Wo wir gerade beim Thema Anrufen sind: Wie oft kommt es vor, dass man in Situationen, in denen man konzentriert arbeitet angerufen wird und es einem lieber wäre, das Gespräch zu einem passenderen Zeitpunkt zu führen. Nehmen Sie keine falsche Rücksicht, sondern bieten Sie an, später zurückzurufen. Hieraus lernend sollten Sie sich angewöhnen, zu Gesprächsbeginn kurz zu fragen, ob man den Angerufenen gerade stört.

Das Geschäftsessen

Doch zurück zum Gespräch mit Ihren Geschäftspartnern. Wenn das Gespräch in die Mittagszeit fällt, sollten Sie einen kleinen Imbiss bereithalten oder den Vorschlag unterbreiten, gemeinsam Essen zu gehen. Dabei gilt, dass derjenige, der die Idee unterbreitet auch die Rechnung übernimmt. Diesen Punkt können Sie auch schon im Vorfeld abklären und einen ruhigen Tisch bestellen. Geben Sie Ihrem Gast hinsichtlich der Preiskategorie bei der Speisen- und Getränkewahl subtile Hinweise in welchem Rahmen er sich bewegen „darf". Gehen Sie mit gutem Beispiel voran und empfehlen Sie etwas oder teilen Sie mit was Sie zu nehmen gedenken. Vergessen Sie auch nicht, dass der ein oder andere gerne einen Wein trinkt oder einen Nachtisch nimmt. Die Rechnung begleichen Sie bitte diskret, am besten stimmen Sie die Begleichung per Rechnung vorher mit dem Restaurant ab.

Seien Sie immer höflich und zuvorkommend

Bedenken Sie immer, dass Sie sich gegenüber Ihrem Gesprächspartner so höflich wie möglich verhalten und über etwaige Unhöflichkeiten seinerseits hinwegsehen. Dies gilt auch in puncto

Pünktlichkeit. Gewöhnen Sie sich an, einfach et-was eher zum Termin loszufahren, um kleine Staus oder sonstige Eventualitäten in der Fahrtzeit zu be-rücksichtigen.

Nur so wird es Ihnen gelingen, sich geschäftlich näher zu kommen, denn schließlich gilt: Geschäfte machen Sie mit den handelnden Menschen und nicht mit den dahinter stehenden Unternehmen!

Checkliste für überzeugendes Verhalten

Geschäfte machen Sie mit Menschen, daher sollten Sie Höflichkeit zu Ihrem obersten Prin-zip machen.

Folgendes sollten Sie beachten:

- Informieren Sie Ihre Sekretärin und den Empfang über den erwarteten Besuch.
- Lassen Sie den Konferenztisch so einde-cken, dass jeder an die Getränke kommt.
- Lassen Sie es sich nicht nehmen, Ihren Gast am Empfang abzuholen.
- Beim Vorstellen Augenkontakt halten und nennen Sie Ihren Vor- und Zunahmen nebst Positionsbeschreibung.
- Starten Sie mit Smalltalk in Ihre Gespräche.
- Bei Gesprächen über die Mittagszeit halten Sie einen Imbiss bereit oder laden Sie zum Essen ein.
- Stellen Sie Ihr Handy aus oder zumindest lautlos. Nur sehr wichtige Gespräche dürfen angenommen werden, weisen Sie Ihre Ge-sprächspartner zu Beginn auf den Umstand hin.
- Seien Sie stets pünktlich – es ist unhöflich, jemanden warten zu lassen.

Für weitere Fragen rund um das Thema Business Behaviour seien Ihnen die beiden gleichnamigen Bücher von Gabriele Schlegel und Claudia Tödtmann empfohlen.

Sachbezogen und erfolgreich verhandeln

In den beiden vorangegangenen Kapiteln haben wir uns mit den wichtigsten Aspekten der Präsen-tationserstellung sowie den zwischenmenschlichen Fähigkeiten im Geschäftsleben beschäftigt. Dabei spielt die Frage, wie Sie mit Ihren Gesprächspart-nern verhandeln eine wesentliche Rolle. Diesen Aspekt wollen wir im Folgenden näher beleuchten und Ihnen die Frage stellen:

Wie sieht eigentlich Ihre bisherige Verhand-lungsstrategie aus?

Haben Sie schon einmal darüber nachgedacht wie Sie normalerweise in Ihrem Arbeitsalltag verhan-deln, sei es mit Ihrem Vorgesetzten um eine Ge-haltserhöhung oder mit Geschäftspartnern über den Verkauf Ihrer Produkte?

Für viele Verhandlungen ist charakteristisch, dass die beteiligten Gesprächspartner mit einer im Vor-feld vorgefassten und somit festen Position in eine Verhandlung gehen und sich so manches Mal in diesen Standpunkt verfangen, um ihn dann in der Folge vehement verteidigen zu müssen. Um das eigene Gesicht zu wahren und doch noch zu einem Ergebnis zu kommen, wird fast wie auf einem Ba-sar und die Positionen gefeilscht und eine nach der anderen aufgegeben. Das mag dann daran liegen, dass Sie sich einen Ruf als knallharter Verhandler erworben haben, indem Sie stets mit Extremposi-tionen in ein Gespräch gehen, lange feilschen, um am Ende als vermeintlicher Sieger dastehen zu können.

Oder Sie sind eher der Verhandlungstyp, der stets sehr schnell zu Kompromissen bereit ist, weil Sie der guten Geschäftsbeziehung den Vorrang einräumen und eigentlich auch jedem Konflikt lieber aus dem Wege gehen?

Wie auch immer Sie bisher verhandelt haben, am Ende steht meist ein Ergebnis, mit dem mindestens eine der beiden Parteien nicht wirklich zufrieden ist.

Doch es gibt eine Art der Gesprächsführung, mit der Sie diesen Problemen ein Ende setzen können. International bekannt geworden ist Sie als Harvard-Methode oder auch die Methode des sachbezogenen Verhandelns, deren Grundzüge beziehungsweise Vorzüge wir Ihnen etwas näher bringen möchten (zur Vertiefung vergleiche Fisher/Ury/Patton, 2003).

Denken Sie sich in Ihren Gesprächspartner hinein
Bei den oben beschriebenen, charakteristischen Verhandlungs-Situationen ist das Problem, dass die eigentlichen, den Standpunkten zugrunde liegenden Interessen beider Parteien auf der Strecke bleiben. Deshalb versuchen Sie einmal, sich in Ihren Gesprächspartner hineinzudenken. Versuchen Sie ihn zu verstehen, herauszufinden, was sein eigentliches Interesse ist. Dieses entspricht oftmals nicht dem artikulierten Standpunkt. Dabei ist ganz wichtig anzumerken:
Den Standpunkt des anderen zu verstehen bedeutet nicht, dass Sie auch der gleichen Meinung sind. Deshalb überlegen Sie im Vorfeld des Gesprächs was Ihre Interessen sind und legen sie diese in der Verhandlung deutlich dar. Im zweiten Schritt erst

sollten Sie dann Position beziehen und Ihre Forderungen stellen.

Durch diese Art der Verhandlungsführung überlassen Sie es dem Gespräch, die Einigung auf ein gemeinsames, für beide Seiten tragfähiges Ergebnis hervorzubringen. Aus eigener Erfahrung können wir Ihnen weitergeben, dass oftmals erst im Diskurs die besten Ideen oder weitere Ansatzpunkte für ein Geschäft entstehen. Der angenehme Nebeneffekt zeigt sich in deutlich kürzeren und somit effizienteren Verhandlungen. Und es wäre doch wirklich schade, wenn Sie sich diese Chance durch eine unangebrachte Verhandlungsführung verbauen.

Menschen und Probleme trennen
Wenn es bei einer Verhandlung zu Problemen oder Missverständnissen kommt, so trennen Sie bitte strikt die Sachebene, also zum Beispiel die Cross-Marketing-Kooperation, mit der ein neuer Vertriebsweg erschlossen werden soll, von der persönlichen Ebene zwischen Ihnen und dem Gesprächspartner. Wenn Sie Ihrem Frust freien Lauf lassen und zu persönlichen Schuldzuweisungen und dergleichen übergehen, schaltet Ihr Gesprächspartner intuitiv auf Abwehr.

Bezüglich der menschlichen Ebene sollten Sie sich vergegenwärtigen, dass Ihr Gesprächspartner kein abstrakter Repräsentant eines Unternehmens ist, sonder auch nur ein Mensch mit Vorstellungen, Sichtweisen und Einstellungen. Folglich spielen Emotionen eine wichtige Rolle, die sie bisweilen daran hindern sich auf das Wesentliche zu konzentrieren. Hilfreich ist es daher, dass Sie diese Emotionen erkennen und vor allem, sie verstehen lernen. Dies gilt natürlich nicht nur für die eigenen, sondern auch für die Emotionen des Anderen. Sprechen Sie Emotionen offen an und nutzen Sie Chancen, die sich aus dieser Offenheit ergeben.

Der schwierige Gesprächspartner

Ihr Gesprächspartner poltert zum Beispiel gerne los. Machen Sie sich bewusst, dass dies nur der Versuch eines Angriffs ist und bitten Sie ihn fortzufahren. Dadurch gießen Sie kein Öl ins Feuer, sondern packen ihn an seiner Schwachstelle. Er wird seine Angriffe nun stärker kontrollieren. Ist eine Gesprächssituation festgefahren und eine oder gar beide Parteien sitzen in ihrer „Schmollecke", können symbolische Gesten wie eine ernst gemeinte Entschuldigung Wunder wirken und die Situation wieder entspannen.

Tipp

Schauen Sie während eines Gesprächs immer nach vorn. Indem Sie Ihre Gespräche auf ein Ziel ausrichten vermeiden Sie ergebnislose Diskussionen über Vergangenes. Sprechen Sie also lieber darüber, was zukünftig geschehen soll.

Zwei Grundregeln der Kommunikation

Durch aktives Zuhören können Sie Missverständnisse von Beginn an vermeiden. Geben Sie dazu Ihrem Gesprächspartner ein Feedback, was bei Ihnen an Inhalten während des Gesprächs ankommt. Durch dieses Verhalten fühlt sich Ihr Gegenüber wahr- und ernst genommen und Sie können sich sicher sein, dass die wesentlichen Inhalte auch von Ihnen verstanden werden. Dazu gehört auch, dass Sie Ihr Verständnis positiv formulieren. Selbst wenn Sie nicht einer Meinung sind, haben Sie als aktiver, höflicher Zuhörer bessere Chancen im Verlauf des Gesprächs auch Ihren Standpunkt zu vertreten. Durch gezieltes Nachfragen und wenn Sie auf den Anderen eingehen, verstehen Sie die Sachverhalte besser. Es ist einfacher sich auf etwas zu beziehen und es eventuell auch zu kritisieren, wenn man es genau verstanden hat. Denn Verstehen bedeutet nicht, dass man auch einer Meinung sein muss. Das aktive Zuhören ist also die Grundvoraussetzung.

Die zweite Regel der Kommunikation lautet: Sprechen Sie so, dass man sie auch versteht. Laut und deutlich, klar und sachlich in den Formulierungen. Die beste Präsentation kann nicht zum Erfolg führen, wenn Sie akustisch oder inhaltlich nicht zu verstehen sind. Sprechen Sie die Person, die sie überzeugen möchten, direkt an. Durch die direkte Ansprache bauen Sie einen persönlichen Bezug auf. Es ist immer einfacher etwas abzulehnen, von dem man sich persönlich nicht betroffen fühlt. In dem Moment, wo sich Ihr Zuhörer aber persönlich angesprochen fühlt, wird er sich dezidierter mit dem Thema auseinandersetzen.

◼ Weitere Tipps für das Gespräch – Teil 1

Im weiteren Verlauf des Gesprächs wird es viele Situationen geben, in denen Ihnen diese Tipps helfen können:

- ◼ Signalisieren Sie Ihrem Gegenüber, dass Ihre Interessen legitim sind und dass das von Ihnen angesprochene Problem seine Aufmerksamkeit fordert.

- ◼ Versehen Sie Ihre Argumentation mit präzisen Details. Das macht sie glaubwürdiger und erhöht die emotionale Wirkung.

- ◼ Bleiben sie auf der Sachebene und gegen Sie der Gegenseite das Gefühl, auch für deren Belange empfänglich zu sein. Dies zieht meist ein ähnliches Verhalten des Gegenübers mit sich und Sie können im Gegenzug auch auf ein offenes Ohr des Anderen hoffen. Nicht zuletzt unterstreicht dieses Verhalten Ihre Offenheit.

- ◼ Versuchen Sie, zusammen mit der Gegenseite eine einvernehmliche Atmosphäre zu schaffen, so können Sie gemeinsam an einer Lösung arbeiten. Dieses Vorgehen führt meist schneller zu einer Lösung, als wenn man gegeneinander arbeiten muss.

Mit Kreativtechniken zu neuen Lösungen kommen

Ziel ihrer Gespräche ist es, eine Cross-Marketing-Maßnahme zu gestalten, aus der beide Partner ihren Nutzen ziehen können. Es geht also nicht darum, wie man den Partner beim Aufteilen des Kuchens übervorteilt, sondern darum wie der Kuchen durch intelligente Lösungen vergrößert werden kann. Zum Beispiel kann durch ein und dieselbe Maßnahme für Marke A die Distribution erhöht werden, während für Marke B die Gewinnung von Erstverwendern erreicht werden kann. Der Kuchen wird also größer.

Der zentrale Erfolgsfaktor für kluges Entscheiden liegt in der Wahl aus einer möglichst großen Zahl verschiedener Handlungsoptionen. Die Kreativtechnik des Brainstorming ist Ihnen vermutlich bekannt, daher wollen wir Ihnen die etwas weniger verbreitete, aber sehr zielführende Methode der Morphologischen Matrix darstellen:

Morphologische Matrix am Beispiel des Live-Aid-Logos

Die morphologische Matrix hilft Ihnen dabei, eine komplexe Problemstellung in seine Einzelteile zu zerlegen und somit einen besseren Überblick der alternativen Gestaltungsmöglichkeiten zu bekommen. Wir möchten Ihnen diese Methode anhand der Logo-Gestaltung für das Live-Aid-Konzert im Jahre 1985 erläutern. Im ersten Schritt formulieren Sie das Ziel für Ihre Kreativsitzung – in unserem Fall: Kreation eines aussagekräftigen, eingängigen und differenzierenden Logos. Ferner sollte der Bezug zu Afrika, dem Konzertnamen und Pop-Musik gegeben sein. Im zweiten Schritt wird das Problem in voneinander unabhängige Aspekte zerlegt. Diese Kriterien werden untereinander auf ein großes Blatt Papier geschrieben. In diesem Beispiel also das Wortelement des Logos sowie Bildelemente zu den Begriffen Afrika und Pop-Musik. Im dritten Schritt werden in der Diskussion unterschiedliche Ideen bezüglich der Parameter diskutiert und horizontal auf das Blatt geschrieben, so dass eine Matrix entsteht. In unserem Beispiel wurden diverse grafische Wortkombinationen für den Namen Live-Aid (live aid, LIVE AID, La, LA usw.) gefunden. Ebenso wurden zum Parameter Pop-Musik viele Musikinstrumente (Keyboard, Schlagzeug, Trompete, Gitarren usw.) sowie typische Assoziationen (Notenschlüssel, Noten usw.)

und zum Parameter Afrika viele charakteristische Bilder (Kontinent, Sonne, Palme, Fußabdruck, Urpferd, Giraffe, Nashorn, afrikanische Muster usw.) vorgeschlagen. Nun beginnt der eigentlich kreative Teil, indem die verschiedensten Ausprägungen der Parameter kombiniert werden. Wichtig ist dabei: Erlaubt ist alles. Entdecken Sie das Kind in Ihnen und vergessen Ihre Ratio! Alle Ideen werden notiert und dürfen nicht kritisiert werden. Im nächsten Schritt wird jede Idee aus der großen Sammlung weiterentwickelt. Erst am Ende sollten Sie sich auf die Suche nach der geeignetsten Lösung begeben. In unserem Beispiel wurde der Gitarrenhals mit dem afrikanischen Kontinent und dem Schriftzug zu folgendem Logo verbunden (Vergleiche Pricken 2005, Seite 207):

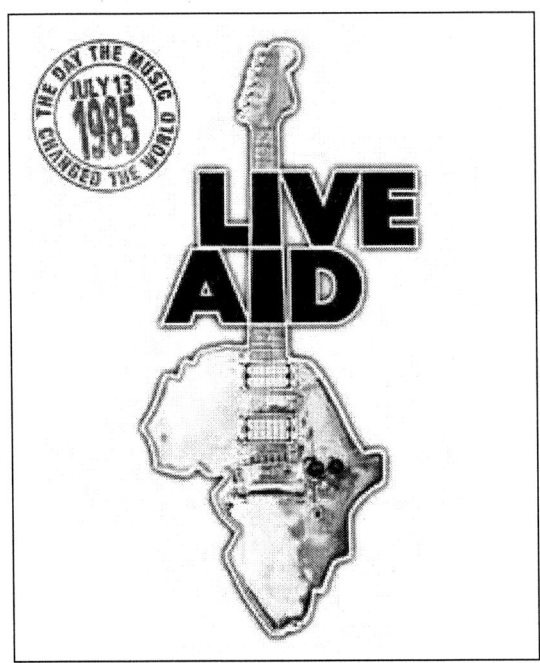

Abbildung 17: Live-Aid-Logo aus dem Jahr 1985

Weitere Tipps für das Gespräch – Teil 2

Im weiteren Verlauf des Gesprächs wird es viele Situationen geben, in denen Ihnen diese Tipps helfen können:

- Bei unterschiedlichen Interessen, Risikoeinstellungen usw. sollten Sie, um einen Lösungsvorschlag zu unterbreiten, sich die Frage stellen: Was kostet mich wenig und bringt der Gegenseite viel und umgekehrt?

- Machen Sie es in der Phase der Ideenfindung der Gegenseite nicht schwierig mitzuziehen, indem Sie neue Fragen aufwerfen, sondern geben Sie Antworten, helfen Sie der Gegenseite. Denn: Unschlüssigkeit wirkt ansteckend!

- Formulieren Sie Ihre Angebote immer positiv – dies ist sehr viel effektiver.

Und zu guter letzt: Verhandlungsjudo, wenn die Anderen nicht mitspielen

Macht und Druck von der eigenen Seite oder der Gegenseite sollten in einer Verhandlung nicht der Auslöser für ein Ergebnis sein. Selbst wenn Sie sich in der besseren Verhandlungsposition wähnen, greifen Sie auf die Überzeugungskraft Ihrer objektiven Argumente zurück und lassen Sie sich nicht verleiten, durch die Ausübung von Macht an Ihr Ziel gelangen zu wollen.

Wenn die Gegenseite sich partout nicht auf eine sachliche Verhandlung einlassen möchte, ist es an Ihnen, das Bestmögliche zu tun, um die Verhandlung in eine sachorientierte Richtung zu leiten, indem Sie zum Verhandlungsjudo greifen: Weichen Sie den Angriffen der Gegenseite wie beim Judo aus, statt sich mit ganzer Kraft gegen die Kraft des anderen zu stemmen. Wenn Ihre Vorstellungen von der Gegenseite abgetan werden, verteidigen Sie sich nicht, selbst wenn Sie persönlich angegriffen werden, holen Sie nicht zum Gegenschlag aus. Auf diese Weise wird der Teufelskreislauf aus Reaktion und Gegenreaktion durchbrochen und die Verhandlung auf das Sachproblem gelenkt.

Wenn auch das nicht hilft, sprechen Sie Ihren Verhandlungspartner direkt darauf an, dass Sie den Eindruck haben, er versuche Sie durch Drohungen oder Verzögerungstaktiken zu manipulieren. Dadurch allein mindern Sie die Wirkung dieser Tricks. Zudem muss Ihr Gesprächspartner fürchten, Sie vollends zu verärgern.

Im Zweifelsfall sollten Sie die Verhandlungen unterbrechen, um darüber nachzudenken auf welcher Basis diese weitergeführt werden können. Damit verhindern Sie eine impulsive Reaktion Ihrerseits und zeigen gleichzeitig der Gegenseite, wie ernst Sie das ganze nehmen. Wenn Ihr Gesprächspartner wirklich an einer Übereinkunft interessiert ist, so wird er an den Verhandlungstisch zurückkehren.

Tipp

Entwickeln Sie eine Liste mit Aktivitäten, die Ihnen im Falle des Scheiterns zur Verfügung stehen und versuchen Sie, diese zu realistischen Optionen auszubauen.

Haben Sie immer ein As im Ärmel

Bisher sind wir davon ausgegangen, dass Sie mit Ihren Gesprächspartnern auf gleicher Augenhöhe verhandeln können. Wenn Sie sich einem übermächtigen Partner gegenüber sehen, sollten Sie sich davor bewahren eine Übereinkunft anzunehmen, die Sie besser nicht eingehen. Bewahren Sie sich vor fragwürdigen Entscheidungen, indem Sie im Vorfeld bereits weitere Alternative in Erwägung ziehen. Je attraktiver Ihre Alternativen sind, desto energischer und berechtigter können Sie Ihre Interessen vertreten. Sollte die Verhandlungen nicht zu dem von Ihnen angestrebten Ergebnis führen, sind Sie nicht darauf angewiesen, diese Cross-Marketing-Kooperation einzugehen, sondern können dann auf die Alternativen zurückgreifen.

Erfolgreiches Verhandeln auf einen Blick

In Ihren Gesprächen mit potenziellen Cross-Marketing-Partnern sollten Sie sich an der Methode des sachbezogenen Verhandelns orientieren. Folgende Aspekte sollten Sie berücksichtigen:

■ Versetzen Sie sich in Ihren Gesprächspartner hinein, um seine Lage besser zu verstehen.

■ Versuchen Sie immer Menschen und Probleme voneinander zu trennen.

■ Beherzigen Sie die Grundregeln der Kommunikation: Hören Sie aktiv zu und sprechen Sie klar und verständlich.

■ Machen Sie Betroffene zu Beteiligten, damit das Ergebnis von beiden Partnern getragen und umgesetzt wird.

■ Finden Sie neue Lösungsmöglichkeiten durch Kreativtechniken (Morphologische Matrix).

■ Lassen Sie die Tricks ihres Partners durch Verhandlungsjudo ins Leere laufen.

■ Halten Sie im Vorfeld nach geeigneten Alternativen Ausschau, um im Falle des Scheiterns der Verhandlung nicht mit leeren Händen dazustehen.

7. Best-Practice-Beispiele

In diesem Kapitel wollen wir Ihnen anhand von erfolgreichen Praxisbeispielen zeigen, auf welch unterschiedliche Weise Cross-Marketing-Maßnahmen umgesetzt werden können. Die Beispiele wurden uns freundlicherweise von der taufrisch werbeagentur zur Verfügung gestellt.

haben. Teilnehmende Marken waren zum Beispiel Bonduelle, Bonaqa, Dr. Oetker (Bereich Backnährmittel), Melitta Kaffee, Masterfoods (Ebly Zartweizen), Melitta Haushaltsprodukte, RWE, Südsalz (Bad Reichenhaller), Tupperware und VOX-TV.

Marketingplattform zur Generierung neuer Distributions- und Kommunikationswege: „Marktplatz Erleben und Genießen"

Die Marketer von Bosch Hausgeräte hatten eine tolle Idee

Bereits 1999 entwickelte taufrisch im Auftrag von Bosch Hausgeräte die bis 2005 aktive und bis heute einmalige Marketingplattform „Cook & more" beziehungsweise „Marktplatz Erleben & Genießen". Sie sollte im Bedarfsfeld „Zubereiten und Genießen" auf der Ebene exklusiv führender Markenartikler kurz-, mittel- sowie langfristige Kooperationsmöglichkeiten generieren. Darüber hinaus sollten sich für alle teilnehmenden Markenartikler neue Kommunikationswege wie auch ergänzende Distributionsmöglichkeiten erschließen.

Die Resonanz war groß

Neben Bosch Hausgeräte sollten Markenartikler generiert werden, die jeweils in ihrem Umfeld mit zu den marktführenden Unternehmen zählen, im Bedarfsfeld Zubereiten und Genießen agieren und eine hohe Bereitschaft zur aktiven Teilnahme und Gestaltung dieser innovativen Marketingplattform

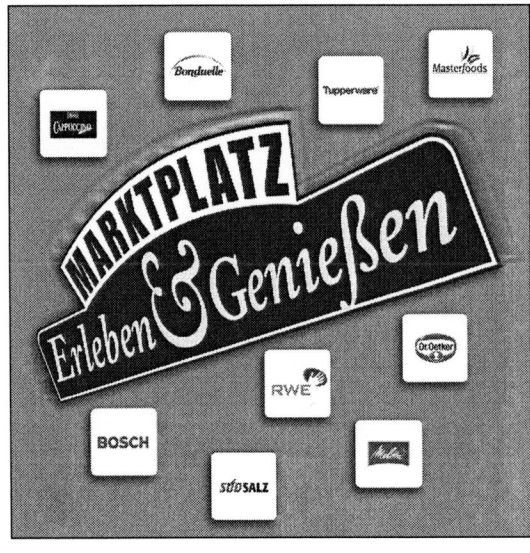

Abbildung 18: Die teilnehmenden Marken im Überblick

In gemeinsamen Meetings wurden Maßnahmen diskutiert

taufrisch entwickelte das komplette Konzept, generierte weitgehend alle teilnehmenden Markenartikler und realisierte alle Maßnahmen und begleitenden Werbemittel. Kern der Kooperationsmarketing-Plattform waren viertel- bis halbjährlich regelmäßig stattfindende Meetings, die von der Agentur moderiert wurden. Hier wurden bilaterale sowie gemeinsame Kooperationsmaßnahmen vorgestellt und diskutiert.

Abbildung 19: Umfassende Begleitung durch Werbemittel

Genussevents in Deutschlands größten Shopping Centern

Die von taufrisch entwickelte zentrale, mehrjährige Aktion war ein auf circa 140 qm ausgedehntes Koch- und Genussevent mit den VOX-TV-Köchen sowie den Markenartiklern in den Malls von Deutschlands größten Shopping Centern mit über 30.000 Besuchern pro Tag. Die Marken präsentierten sich mit ihren jeweiligen Produkten „reinrassig" auf eigenen, teilweise durch die Agentur entwickelten Aktionsflächen (inklusive Showkochen und Verkostungen) und integrierten sich erlebbar unter das gemeinsame Eventdach „Marktplatz Erleben und Genießen". Die Events wurden durch die bekannten VOX-TV-Köche moderiert. Durch Werbemittel wie Plakate, Broschüren, Newsletter, Handzettel und Online-Links sowie PR-Maßnahmen in regionalen Publikums-Medien beziehungsweise in überregionalen Fachmedien (LZ, W+V, Promotion Business etc.) wurden die

Kooperationsmaßnahmen in die Kommunikation integriert. Die in den Shopping Centern vorhandenen Ankermieter (zum Beispiel Media-Saturn, Karstadt sowie führende LEH-Märkte) wurden in die Maßnahme durch die Agentur sowie die jeweiligen Key-Accounter mittels Cross-Selling integriert – dies geschah durch Coupons, Boni und Sonderabverkäufe.

Abbildung 20: Die Marke wird in der Versuchsküche erlebbar

Der Erfolg spricht für sich

Die teilnehmenden Marken verzeichneten sehr hohe Kontaktzahlen: Fast 30.000 Centerbesucher nahmen an den Events in den Malls teil und verweilten 30 Minuten und länger auf den Aktionsflächen. Die Verkostungsraten lagen teilweise drei- bis viermal so hoch wie bei vergleichbaren, klassischen Promotions im Lebensmitteleinzelhandel. Auch der angeschlossene Handel konnte sich über nachweislich attraktive Abverkaufsraten freuen.

Abbildung 21: Direktkontakt mit dem Verbraucher

Abbildung 22: Große Resonanz auf die Genussevents

Nicht zuletzt die Unterstützung durch die prominenten VOX-TV-Köche führte unterm Strich zu einer beachtlichen Produktakzeptanz in dem für die Verbraucher verständlichen Bedarfsfeld und zu einer umfassenden medialen Berichterstattung über die teilnehmenden Marken in den regionalen Tageszeitungen und Center-Magazinen.

Zusammenarbeit über die Aktionen hinaus
Darüber hinaus entstanden teilweise langjährige Beziehungen zwischen einzelnen Marken im Rahmen der oben genannten Plattform sowie zahlreiche, bilateral und eigenständig realisierte Kooperationen im Handel.

Erfrischende Kaufanreize für den Sommer – Salesmarketing-Aktion im Elektrofachhandel zwischen Bosch Hausgeräte und Bonaqa

Bosch wollte seinen Vertrieb unterstützen
Bereits 2004 entschied sich der Bereich Marketing Bosch Hausgeräte für eine Zusammenarbeit mit einem führenden Tafelwasser-Anbieter zur Unterstützung des eigenen Vertriebs bei der Vermarktung der Kühlgeräte im Handel, hier Elektrofachhandel.

Die Agentur moderierte die ersten Gespräche
Die taufrisch werbeagentur entwickelte die Idee und führte in einem ersten Schritt ein Screening möglicher starker Wasser-Marken durch. Im zweiten Schritt nutzte die Agentur den eigenen, vorhandenen Kontakt zu Bonaqa und stellte diesen für Bosch zur Verfügung.

Bonaqa wollte attraktive Direktkontakte

Ein erstes Gespräch der beiden Markenartikler fand statt und wurde von der Agentur moderiert. Dabei wurden die jeweiligen Ziele und grundsätzlichen Themenfelder definiert – die getroffene Produktauswahl gab hier die Richtung vor. Das Ziel von Bonaqa war es, in einem neuen und wertigen Umfeld im Zusammenspiel mit einer ebenso starken Marke attraktive Direktkontakte zu generieren.

schließlich auf die gemeinsame Aktion hinweisen – das ganze wurde durch Verkostungspakete für den Handel abgerundet.

Fortsetzung folgte in Form der „Sportsbar"

Die Maßnahme wurde 2006 mit einer neuen POS-Gestaltung, die sich an der Fußball-WM durch das Sponsoring der Coca Cola Company anlehnte, fortgesetzt.

Abbildung 23: Zugabe-Aktion „Frische-Insel"

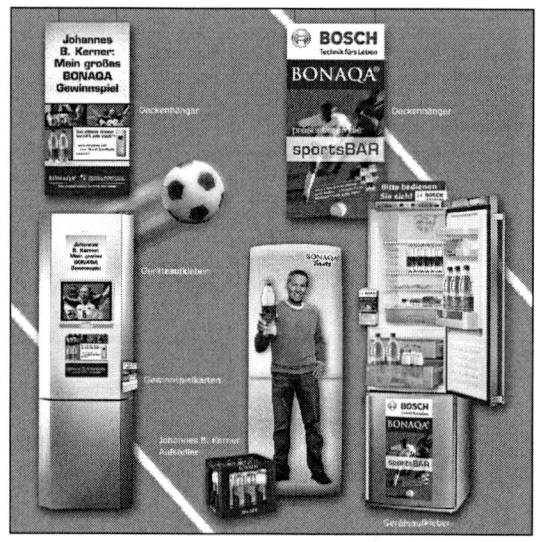

Abbildung 24: Zugabe-Aktion „Sportsbar"

Zugabe-Aktionen „Frische-Insel"

Im Rahmen der „Frische-Insel" wurden 2005 in über 350 ausgewählten Outlets (Elektrofachhandel inklusive Media-Saturn) dem Verbraucher zu jedem verkauften Bosch Kühlgerät zwei Kästen Bonaqa Fruits geschenkt. taufrisch koordinierte dabei die Maßnahme, die bewusst auf die warmen Sommermonate begrenzt war. Das ganze wurde mit POS-Deko und Werbemittel begleitet. So wurden für den Handel eine attraktive POS-Gestaltung inklusive Banner konzipiert sowie Info- und Verkaufsflyer ausgegeben. Geräteaufkleber sollten

Positive Erfahrungen führten zur Neuauflage

„Die Maßnahme war für uns 2005 ein wichtiger Beitrag zur Distribution unserer neuen Produktrange Bonaqa Fruits. Die Kooperation mit Bosch lief auf einer menschlich angenehmen Ebene und wurde reibungslos und sauber bis in die Outlets hinein durchgesteuert. Die positiven Erkenntnisse und Erfahrungen aus der Zusammenarbeit in 2005 war für uns Basis für die Fortsetzung der erfolgreichen Zusammenarbeit im WM-Jahr 2006", so Matthias Blume, Senior Brand Development Manager Water bei der Coca-Cola GmbH.

> *„Ausgewählte und gezielte Kooperationen sind für Bosch Hausgeräte ein wichtiges Tool im Marketingmix. Die in 2005 und 2006 mit Bonaqa, hier Bonaqa Fruits, durchgeführten Aktionen unterstützten unseren Key Account und belebten zusätzlich das Abverkaufsgeschäft unserer Handelspartner."*
>
> Uwe Kreßner
> Robert Bosch Hausgeräte GmbH VDB-MS/
> Leitung Marketing Sologeräte

Eine neue Produktrange kommt in den Markt – Bonduelle, Westfleisch und Klaas & Kock

Verstärkte Produkt-Präsenz und Listung standen im Fokus

Bonduelle stellte die Aufgabe, eine verstärkte Produkt-Präsenz in spezifischen Handelskanälen durch sinnvolle Kooperationen zu erzielen und eine zusätzliche Unterstützung bei gezielten Listungsgesprächen im LEH für die neue Produktrange im TetraPak zu generieren.

Der Handelspartner als Dritter im Bunde

taufrisch generierte mit Westfleisch als Kooperationspartner einen führenden Frischfleischanbieter, der im Rahmen des Bedarfsfeldes zu Bonduelle passte und über vergleichbare Absatzkanäle verfügt. Darüber hinaus einigte man sich gemeinsam mit Bonduelle, Klaas & Kock als Handelspartner für eine bisher im LEH einzigartige Promotion anzusprechen.

Integrierte Umsetzung bis hinter die Fleischtheke

Die Agentur arbeitete die innovative Handelspromotion aus, in die Klaas & Kock aktiv als Partner und „Rahmengeber" integriert wurde: An alle vom Metzger verpackten Westfleischprodukte in der Frischfleischtheke wurden Rezeptkarten von Bonduelle und Westfleisch geheftet. Zusätzlich stellten die Metzger Dispenser mit Rezepten und einem Gewinnspiel mit den kombinierten Produkten beider Marken auf den Tresen, ebenso Klaas & Kock-Plakate. In die Auslage der Fleischtheke wurden für die Produktkombination besonders geeignete Westfleischprodukte wie zum Beispiel die „Jägerpfanne" gelegt. Darüber hinaus stellte Bonduelle eine Zweitplatzierung in Form eines 1/4-Chep direkt neben die Frischfleischtheke.

Abbildung 25: Integrierte Umsetzung der VKF-Aktion

Individuelle Promotion-Pakete für die Handelspartner

Alle Maßnahmen wurden in Abstimmung zwischen Bonduelle und Westfleisch durch die Agentur gründlich geplant sowie budgetiert. Anschließend präsentierten alle Beteiligten dem Handel die Gesamtmaßnahme. Nach einzelnen Optimierungen für die Umsetzung wurde der „roll out" über die Agentur realisiert: Alle Klaas & Cock-Märkte erhielten je nach ihrer Größe und Frequenz individuelle Promotion-Pakete mit detaillierten Handlungsanweisungen für die Marktleiter und Metzger an der Frischfleischtheke. Zusätzlich wurden regional zeitlich differenzierte Handzettel-Inserate abgestimmt und „geschaltet".

Abbildung 26: Verständliche Anweisungen der Aktion für die Handelspartner von Klaas & Kock

Gemeinsam wurden eine umfangreichere Listung sowie höhere Kundenbindung und Umsätze erzielt

Der Erfolg der Cross-Marketing-Maßnahme lässt sich schlicht und einfach auf den Punkt bringen: Bonduelle konnte eine größere Produktvielfalt beim Handelspartner listen, Westfleisch erzielte eine engere Kundenbindung bei Klass & Kock sowie bei der regionalen Bevölkerung. Alle Beteiligten erzielten nachweislich höhere Umsätze

in den Märkten. „Die Kooperation ist für Bonduelle ein echter Erfolg, da sie neben Umsatzplus und Kostensplitt ein gelungenes Beispiel für ein „tripple win"-Ergebnis ist: qualitative Awareness und schneller Distributionsaufbau für die Produktinnovation „Bonduelle Zartgemüse Küche", Ausweitung der Verwendungsanlässe für Westfleisch und Kompetenzausbau von Klaas & Kock gegenüber seinen Kunden", so die Bewertung von Günter Sczesny, verantwortlich für die Kooperation auf Seiten Bonduelle.

> *„Die Kooperation ist für Bonduelle ein echter Erfolg, da sie neben Umsatzplus und Kostensplitt ein gelungenes Beispiel für ein „tripple win"-Ergebnis ist: qualitative Awareness und schneller Distributionsaufbau für die Produktinnovation „Bonduelle Zartgemüse Küche", Ausweitung der Verwendungsanlässe für Westfleisch und Kompetenzausbau von Klaas & Kock gegenüber seinen Kunden",* so die Bewertung von Günter Sczesny, verantwortlich für die Kooperation auf Seiten Bonduelle.

Backen und Gelieren muss sich wieder lohnen – SweetFamily und Berndes belohnen gemeinsam die Treue ihrer Kunden

Nordzucker wollte die Produktbereiche Backen und Gelieren unterstützen

Nordzucker beauftragte die Agentur mit der Entwicklung von verkaufsfördernden Maßnahmen zur Unterstützung der Produktsegmente Backen und Gelieren, die unter der Haushaltszuckermarke SweetFamily geführt werden.

Abbildung 27:
Aktionsmechanik auf einen Blick

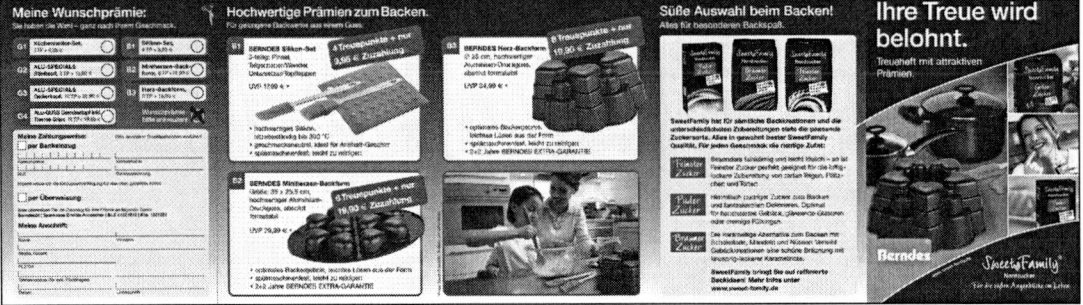

Abbildung 28: Treueaktion im Bedarfsfeld Backen

taufrisch entwickelte daraufhin eine Treueaktion für beide Produktsegmente mit der Kooperations-Marke Berndes, die im Handel platziert werden kann, ohne dass der Handel aktiv an der Umsetzung beziehungsweise Gestaltung der Maßnahme mitarbeiten muss.

Zwei starke Marken ergänzen sich

Berndes ist zum einen Weltmarktführer im Bereich Aluguss-Geschirr und größter deutscher Hersteller für Pfannen. Das Unternehmen ist auch im LEH vertreten und besitzt eine hohe Qualitätsakzep-

tanz im Handel und in der Öffentlichkeit. taufrisch erbrachte die Argumentation, dass hochwertige Küchenhelfer und Aluguss-Töpfe von Berndes für den Handel und Verbraucher nachvollziehbar und glaubwürdig im Bedarfsfeld Gelieren liegen – ebenso wie Backformen im Bedarfsfeld Backen.

Logistikpartner Berndes24.com erleichtert die Abwicklung der Aktion

Dass Berndes mit dem Vertriebspartner Berndes24. com einen Logistikpartner bereithält, der den erforderlichen Versand im Rahmen der Treueaktion selbständig und handelsunabhängig durchführt, ist ein Aspekt, der aktionsvereinfachend hinzukommt.

Die Treue der Kunden wird belohnt

Die Agentur entwickelte als Kern der SweetFamiliy-Verkaufsförderungs-Aktion die Treueaktion mit dem Kooperationspartner Berndes in den Bereichen Gelieren und Backen. *„Die Treueaktion der Marken SweetFamily und Berndes ist eine beidseitig markenpositionierungskonforme Verkaufsförderungsmaßnahme mit hoher Attraktivität für unsere Konsumenten und Handelspartner"*, so Dr. Marcus Fuchs, Manager Marketing/Market Research & Category Management bei Nordzucker.

Flankierende Maßnahmen beschlossen

Darüber hinaus wurden im Rahmen eines gemeinsamen Brainstormings zwischen den beiden Markenartiklern, moderiert durch die Agentur, weitere aktionsflankierende Maßnahmen diskutiert und vereinbart. Von der Verlinkung auf den Homepages über Zugabe-Maßnahmen, Mailings, gemeinsame Rezeptbroschüren bis zu gezielten Verkostungsmaßnahmen in spezifischen Vertriebsschienen.

Fortsetzung folgt

Zusätzlich sollen, aufbauend auf den positiven ersten Erfahrungen, weitere beidseitige Maßnahmen im Fachhandel sowie LEH mittel- sowie langfristig realisiert werden. Dazu werden regelmäßige Brainstormings und Kreativmeetings zwischen beiden Markenartiklern stattfinden.

Abbildung 29:
Integration in die Verpackungsgestaltung

8. Zum Schluss

Was wir Ihnen mit diesem Buch auf den Weg geben wollen, ist die nach unserer Ansicht zentrale Botschaft: Cross-Marketing ist eine einfache und geniale Strategie, mit der beide Partner wechselseitig von den Stärken des Anderen profitieren und so schneller ihre Ziele erreichen können. Bildlich gesprochen: $1 + 1 = 3$.

Durch Cross-Marketing lassen sich die unterschiedlichsten Ziele erreichen. Die Frage, die Sie sich immer stellen sollten, lautet: „Zahlt diese Maßnahme auf meine Marketingziele beziehungsweise meine Marke ein?"

Bei der Partnerwahl sollten Sie mit Bedacht vorgehen, das heißt, definieren Sie wenn möglich im Vorfeld Kriterien, die der potenzielle Partner unbedingt erfüllen muss. Grundsätzlich sollte Ihr Bauchgefühl stimmen, dass Sie in einem zweiten Schritt immer mit Fakten untermauern sollten. Die Erfahrung zeigt, dass Offenheit und Ehrlichkeit die unabdingbaren Voraussetzungen für eine erfolgreiche Zusammenarbeit sind. Auch dies ist bei der Partnerauswahl zu beachten.

Damit beide Seiten von einer Maßnahme profitieren, müssen alle relevanten Entscheidungsträger am Entstehungsprozess mitwirken. Beteiligte zu Betroffene machen lautet das Zauberwort.

Achten Sie darauf, dass Sie sich nicht durch zu viele Aktionen mit unterschiedlichen Partnern am Ende des Tages verzetteln. Dies gelingt, indem Sie mit möglichst einem oder wenigen Partnern ein ganzes Maßnahmenpaket schnüren. Nutzen Sie die ganze Klaviatur des Marketing-Mix, und verzahnen Sie die Einzelmaßnahmen miteinander, damit diese für den Konsumenten besser nachvollziehbar sind. Nur so erfüllen Sie Ihre Kooperation mit Leben – Ihre Kunden werden es Ihnen danken.

An dieser Stelle legen Sie bitte Ihre rosarote Marketingbrille für einen Moment zur Seite und wenden sich der Frage zu: „Was passiert eigentlich, wenn zum Beispiel ein gemeinsamer Haftungsfall eintritt oder auf einmal zusätzliche Kosten anfallen, die unter den Partnern aufzuteilen sind?" Wenn Sie für solche und ähnliche Fälle keine vertragliche Regelung getroffen haben, kann es für Sie unnötig teuer werden. Allerdings können Sie auch darauf vertrauen, sich im Ernstfall gütlich „unter Kaufleuten" zu einigen. Wir können nur Ihr Risikobewusstsein schärfen, die Entscheidung hinsichtlich der vertraglichen Absicherung müssen Sie selbst treffen.

Egal ob Ihr Cross-Marketing kurz- oder langfristig angelegt ist, es besteht immer die Notwendigkeit den Erfolg zu messen. Dazu haben wir Ihnen den in der Praxis bewährten Kauftrichter vorgestellt. Mit ihm erhalten Sie wichtige Hinweise, an welchen Stellschrauben Sie drehen können, um laufende Maßnahmen zu optimieren. Die Erkenntnisse können Sie in jedem Fall in neue Kooperationen einfließen lassen.

Wir sind nun am Ende unserer gemeinsamen Reise durch die Welt des Cross-Marketings angekommen und hoffen, dass Sie neue Erkenntnisse gewinnen konnten und jetzt eine Reihe von Ideen haben, die Sie umsetzen möchten. Wenn wir das erreichen konnten, würden wir uns sehr freuen!

Wir wünschen Ihnen viel Erfolg und das nötige Quäntchen Glück für Ihre zukünftigen Cross-Marketing-Aktivitäten.
Sollten Sie noch Diskussionsbedarf sehen, Fragen oder Anregungen haben, so stehen wir Ihnen gerne per E-Mail zur Verfügung:

E-Mail: tobmey@googlemail.com
E-Mail: mschade@online.de

Wir freuen uns auf Ihr Feedback,

Tobias Meyer und Michael Schade

Literaturverzeichnis

Becker, J.
Marketing-Konzeption – Grundlagen des strategischen und operativen Marketing-Managements,
6. Auflage, München, 1998

Benkenstein, M./Beyer. T.
Kooperationen im Marketing, in: Zentes, J./Swoboda, B./Morschett, D. (Hrsg.): Kooperationen, Allianzen und Netzwerke
Wiesbaden, 2003, Seite 707-726

Bolten, R.
Zwischenbetriebliche Kooperationen im Marketing – Methodik zur Identifizierung von Kooperationschancen und -potentialen
Herdecke, 2000

Bruhn, M.
Sponsoring – Systematische Planung und integrativer Einsatz
4. Auflage, Wiesbaden, 2003

Drees, N.
Sportsponsoring
3. Auflage, Wiesbaden, 1992

Esch, F.-R.
Strategie und Technik der Markenführung
2. Auflage, München, 2004

Fisher, R./Ury, W./Patton, B.
Das Harvard-Konzept. Klassiker der Verhandlungstechnik
22. Auflage, Frankfurt, 2003

Hermanns, A.
Sponsoring – Grundlagen, Wirkungen, Management, Perspektiven
2. Auflage, München, 1997

Homburg, C./Krohmer, H.
Marketingmanagement – Strategie – Instrumente – Umsetzung – Unternehmensführung
Wiesbaden, 2003

Kleinaltenkamp, M.
Ingredient Branding
in: 4. G.E.M.-Markendialog, Frankfurt am Main 2000, Seite 103-110.

Mayer, A./Mayer, R. U.
Imagetransfer
Hamburg 1987

Meffert, H.
(2000): Marketing – Grundlagen marktorientierter Unternehmensführung – Konzepte – Instrumente – Praxisbeispiele
9. Auflage, Wiesbaden 2000

Meffert, H./Schneider, H./Ebert, C.
Markenführung im Rahmen des Going International – Das Beispiel Deutsche Post Euro Express, in: Meffert, H./Burmann, C./Koers, M. (Hrsg.): Markenmanagement – Grundfragen der identitätsorientierten Markenführung
Wiesbaden 2002, Seite 613-643

o.V.: Porsche vor Luxushotel, in: werben & verkaufen, 41. Jg., Heft 1/2003, Seite 18

o.V.: Lokalrunde im Handel, in: werben & verkaufen, 40. Jg., Heft 5/2002, Seite 40.

Pricken, Mario
Kribbeln im Kopf
2. Auflage, Mainz 2005

Robinson Club: Winterkatalog 2003/2004

Schlegel, G./Tödtmann, C.
Business Bahaviour
Heidelberg 2005

Schlegel, G./Tödtmann, C.
More Business Bahaviour
Heidelberg 2006.

Trommsdorff, V.
Konsumentenverhalten
6. Auflage, Stuttgart 2004

Vilmar, A.
Markenkooperationen – Kooperationsmarketing
Bonn 2006

Wieczorek, M./Lachmann, J.
Cross-Marketing im Tourismus – Grundlagen
– Praxisbeispiele – Fallstudien
Hamburg 2005.

Wieking, K.
Bild und Big-Mac zum Frühstück
in: werben & verkaufen, 42. Jg., Heft 17/2004,
Seite 38

BusinessVillage – Update your Knowledge!

Faxen Sie dieses Blatt an:
+49 (5 51) 20 99-105

Oder senden Sie Ihre Bestellung an:
BusinessVillage GmbH
Reinhäuser Landstraße 22, 37083 Göttingen
Tel. +49 (5 51) 20 99-100
info@businessvillage.de

BusinessVillage

Ja, ich bestelle:

☐ Exemplar(e)   ☐ Exemplar(e)

Speak Limbic –
Wirkungsvoll präsentieren

Ein Arbeitsbuch, das Präsen-
tierenden, Verkäufern, Textern
und Strategen zeigt, wie sie die
limbischen Profile ihrer Zielgruppe
herausfinden und diese direkt und
gezielt ansprechen.

Art.-Nr. 679
79,00 € • 81,50 € [A] • 130,00 CHF

Endlich frustfrei!
Chefs erfolgreich führen

Wie kann ich meinen Chef dazu
bringen, das zu tun, was ich will?
Diese Frage stellen sich viele Mitarbeiter. Eigentlich ganz einfach!
Praxisnah erfahren Sie in diesem
Buch, wie Sie Ihren Chef auf Ihre
Seite ziehen und ihn für Ihre Ideen
und Ziele gewinnen. So klappts
endlich mit dem Chef!

Art.-Nr. 596
21,80 € • 22,50 € [A] • 35,90 CHF

(Alle Praxisleitfäden der Edition PRAXIS.WISSEN kosten 21,80 € • 22,50 € [A] • 35,90 CHF)

Menge	Art.-Nr.	Titel	Einzelpreis €/CHF
1	669	>> KOSTENLOS – Erfolgsfaktoren	0,00 €

Firma

Vorname   Name

Straße   Land   PLZ   Ort

Telefon   E-Mail

Datum, Unterschrift